LEICA MINILUX
LEICA MINILUX ZOOM

JOACHIM GIEBELHAUSEN

LEICA MINILUX
LEICA MINILUX ZOOM

TECHNIK, TIPS UND TRICKS

UMSCHAU : BRAUS

Inhalt

Weshalb ein umfassendes Handbuch zur Leica minilux?

Im Gegensatz zu den Spiegelreflexkameras gibt es für die sogenannten „Kompakten" nur wenig handfeste Literatur. Angeblich erfordert dieser Kameratyp keinerlei Ratschläge für die Praxis, da ihre Automatik und Elektronik weitgehend selbständig arbeiten.

Auch die Besitzer einer Leica *minilux* oder *minilux zoom* mußten daher bisher ohne einen literarischen Begleiter auskommen. Die außergewöhnlichen *minilux*-Kameras haben zwar alle Merkmale moderner Schnappschußkameras für problemloses Fotografieren (Bilderschießen), doch sie wären keine LEICA-Schöpfungen, wenn man mit diesen so exklusiv ausgestatteten Kameras nicht noch vieles andere machen, kreativ und sogar experimentell fotografieren könnte.

Somit bietet dieser Ratgeber für die *minilux*-Praxis nicht nur eine konkrete Entscheidungshilfe bei der Anschaffung, sondern er wird mit seinen reichhaltigen Illustrationen und Bildvergleichen auch jenen Leica-Freunden zur Seite stehen, die bereits eine größere Anzahl hervorragender *minilux*-Fotos vorweisen oder vorführen können, und die dennoch weitere Möglichkeiten für den Einsatz ihrer *minilux*-Kamera kennenlernen möchten. Übrigens werden nicht nur die *minilux*-Besitzer in diesem Handbuch angesprochen, sondern – mit Vorbehalt – auch jene Verfechter der spontanen Fotografie, die mit einer anderen, vergleichbaren Kompaktkamera arbeiten.

Wir alle kennen die amüsanten Spekulationen: Wenn der Kaiser Augustus, wenn Goethe in Italien schon eine Kamera benutzt hätten: sicherlich wäre dies eine Leica gewesen, die Klassikerin unter den Kameras – auch bei den Kompakten.

Vom Fotoapparat zur anspruchsvollen Kamera

Wer einmal Geschmack am besonderen Bild gefunden hat, wird über kurz oder lang seine sicherlich schon vorhandene Fotoausrüstung verbessern und ergänzen wollen. Eines Tages ist es dann soweit. Die gestiegenen Ansprüche, die Kritik an der eigenen Leistung, die Unzufriedenheit bei Schärfe, Brillanz und Farbkontrast zwingen Ausschau zu halten nach einem besseren „Werkzeug". Bilder und projizierte Dias lassen immer mehr Wünsche offen, und ein Hochleistungsobjektiv würde die Spannweite der Motive und der Fotochancen auch im Kompaktbereich wesentlich erweitern.

Natürlich könnte man jetzt auch gleich zur professionellen Spitzenklasse greifen und eine Meßsuchkamera mit ihrem Arsenal spezieller Wechselobjektive in eine komfortable Ausrüstungstasche packen. Das wird dann zur Frage der Relation von Anspruch und technischem Aufwand.

1914

Ur-Leica. Filmkassetten und Schlitzverschluß bestimmten von Beginn an die Gehäuse der ersten funktionsfähigen Leica. Weil aber der Verschluß damals noch nicht überlappte, mußte der Objektivdeckel vor jedem Filmtransport (und Verschlußaufzug) zur Abdeckung vorgeschwenkt werden.

LEICA hat die *minilux*-Kameras sicherlich nicht etwa aus einer Laune heraus konzipiert und mit den bekannten Leica-Spitzenobjektiven ausgestattet, sondern vielmehr deshalb, weil eine weltweite Leica-Gemeinde neben den M- und R-Modellen nun auch den spontanen Schnappschußtypus gefordert hat – warum nicht auch als vielseitige Zweitkamera?

Schließlich nochmals die Frage: Weshalb ein ausführliches Handbuch für solch problemlose Kameras? Es soll versucht werden, manch verborgene Seiten der *minilux*-Technologie im wahrsten Sinne ans Licht zu holen.

Die berühmten Vorfahren der minilux

Hochwertige optische Instrumente und wissenschaftliche Geräte der Optischen Werke Ernst Leitz in Wetzlar waren die Vorläufer für diese Entwicklung. Vor allem die weltbekannten, erstmals binokularen Leitz-Mikroskope sind bis heute bei Forschern, Medizinern und Technikern noch immer ein fester Begriff.

Vor dem Ersten Weltkrieg war der geniale Konstrukteur Oskar Barnack bei Leitz mit der Entwicklung neuer, damals revolutionärer Kinoprojektoren betraut. Während dieser Jahre jedoch verfolgte er auch seine Idee einer Kleinkamera. Die sogenannte „Ur-Leica" entstand. Durch Verdopplung des damals schon bekannten 35 mm Kinofilmformats kam der Erfinder der LEICA („Leitz-Camera") auf ein ideales und leistungsfähiges Seitenverhältnis von 24 x 36 mm und konnte damit die perforierten und weltweit verfügbaren Kinofilme mit ihren überall eingeführten Bearbeitungsverfahren weitgehend nutzen. Damit war die Kleinbildfotografie aus der Taufe gehoben.

In den wirtschaftlich depressiven 20er Jahren war es der besonderen Weitsicht des damaligen Firmenchefs Dr. Ernst Leitz zu verdanken, eine zweite Säule in die Leitz-Produktion einzubringen: die neuartige Konstruktion der Leica. Seit über 70 Jahren hat das Leica-Prinzip als Kleinbildtechnik die Fotografie in der ganzen Welt entscheidend geprägt – bis auf den heutigen Tag. Leica-Sammler, die manch wertvolles Stück historischer Leica-Modelle sorgsam in ihren Vitrinen hüten, sind immer überaus glücklich, wenn sie wieder ein besonders seltenes oder frühes Exemplar der Leica in Händen halten und ihrer Sammlung einverleiben können.

Heute mehr denn je gilt dabei im traditionsreichen Hause LEICA der oberste Grundsatz: „Niemals eine Konzession an den Zeitgeschmack, an den Trend unübersichtlicher Modellvielfalt machen."

1950

Ein Meilenstein aus dem Hause Leitz: Die mit gekuppeltem Entfernungsmesser und Blitzsynchronisation ausgestattete Leica III f. Ihre Wechselobjektive hatten ein robustes Schraubgewinde. Noch heute ist dieses Modell ein begehrtes Sammlerstück.

1998

Die Leica *minilux* gibt es auch im schwarzen Design. Ihre raffinierte Technologie erlaubt das Fotografieren im „klassischen" Stil ebenso wie im modernen „way of life"-Einsatz. Auf Seite 83 das „Porträt" der *minilux zoom.*

Mechanisch und optisch besitzt jede Original-Leica das sichtbare (und unsichtbare) Siegel minuziöser Präzision – geschaffen für hohe Ansprüche und für den Dauergebrauch. An den entscheidenden Punkten wird eine Leica immer noch von Hand gefertigt.

Als sich die Firmenleitung damals zu dem historischen Schritt entschloß, diese Kamera in Serie zu bauen, war die Bedeutung dieser Entscheidung überhaupt nicht abzusehen. Das erste serienreife Modell der Leica wurde 1925 auf der Leipziger Messe mit ihrem dynamischen Bildstil zum „Startschuß" moderner Kleinbildfotografie, der sich unter anderem schon bald in diversen Massenpublikationen wie der „Berliner Illustrierten", „Life" und anderen widerspiegelte.

Leitz/LEICA hat die rasante Entwicklung neuer Technologien stets mitbestimmt und damit auch die Filmhersteller zu neuen Leistungen angeregt – immer einen Schritt voraus. Eine neuorientierte optische und filmchemische Industrie entwickelte sich weltweit parallel mit der LEICA-Idee.

Fotogiganten wie Kodak, USA, oder Agfa beherrschten den Markt auf dem Filmsektor im Leica-Format bis zur modernen Farbfotografie. Die frühen Leica's – man kann auch sagen: die klassi-

Im Jahre 1925 war die Leica I das erste in Serie gebaute Leica-Modell, noch mit festeingebautem Objektiv. Die von ihrem Erfinder Oskar Barnack selbst fotografierten Bilder waren die Sensation auf der Leipziger Messe. Dahinter steht das ausgereifte heutige Spitzenmodell, die Leica M 6 mit brennweitengesteuertem Leuchtrahmen im Meßsucher und Belichtungsmessung vor der Filmebene.

schen Leica's – angefangen mit der Leica Ia, Ib, Ic und später die Leica III von 1950 mit ihren gekuppelten Präzisions-Entfernungsmessern für Leica-Objektive mit Schraubgewinde waren Vorbilder für zahllose Nachbauten und gelten noch heute als Maßstab für gediegenen Kamerabau. Die weltbekannten Leitz-Objektive mit den vertrauten Namen *Elmar, Summitar, Summarit, Summicron, Hektor, Noktilux* oder *Telyt* sind feste Begriffe für optische Hochleistungssysteme und der revolutionären Anwendung hochbrechender Spezialgläser.

Die Kameragenerationen wurden inzwischen über die elitäre M-Serie mit eingespiegelten Formatmasken im Leuchtrahmensucher bis hin zur begehrten Leica M 6 und stets vorausschauend weiterentwickelt. Sie werden von anspruchsvollen Leica-Freunden, einschließlich der traditionellen Königshäuser und anderen Potentaten, weltweit hochgeschätzt und benutzt. Daneben haben die Spiegelreflexkameras der R-Serie mit jedem neuen Modell stets die Richtung gewiesen für den anspruchsvollen Praktiker, den Profi, den Fotojournalisten und ebenso für den engagierten Amateur jeder Provenienz. Mit ihrer über die Jahrzehnte gleichbleibenden Präzision und kompatiblen Anpassungsfähigkeit der Objektive und des Zubehörs an spätere Kameragehäuse hat sich LEICA den Ruf einer nichtüberbotenen Werterhaltung erkämpft. Nach diesen Kriterien sind nun auch die neuen Leica *minilux*-Kameras konstruiert und gebaut worden. Sie stellen eine Symbiose jener langen Erfahrungen dar, wie man sie vom Hause LEICA von jeher gewohnt ist und verlangt:

Zeitgemäße, echte LEICA-Produkte.

Die weltbekannten Leica-Objektive

Die Zeit ist schnellebiger geworden. Unsere Ansprüche an die Technik steigen immens – auch beim Fotografieren. Als vor Jahrzehnten das Blitzen noch äußerst umständlich und teuer war, die Filme aber schon weit empfindlicher wurden, hatten Profis und Amateure bereits den Reiz und den Schmelz der „Available light"-Fotografie entdeckt. Leitz, als Hersteller der Leica, reagierte sofort auf diesen Trend und baute schon in den 50er Jahren seine weltweit ersten, hochlichtstarken „Nachtobjektive", das erste *Summarit 1 : 1,5/50 mm* und daneben das legendäre *Summarex 1 : 1,5/85 mm* – ein avantgardistischer Vorläufer heutiger Leica-Reportageobjektive höchster Lichtstärke und langer Brennweiten, wie das *Apo-Summicron-R 1 : 2/180 mm* und das neue *Apo-Telyt-*Modul-System.

Objektiv und Film im technischen Zusammenspiel vermitteln uns die volle Leistung der Leica *minilux /minilux zoom.* Unser Bildvergleich zeigt bei 15facher Ausschnittvergrößerung, was im *Summarit 40 mm* an optischen Reserven steckt. Aufnahme im Greifvogel-Gehege aus freier Hand mit Blitzzuschaltung auf Agfa APX 25 Schwarzweiß-Film

Neben dem Lichtriesen *Noctilux 1 : 1,0/50 mm* für besondere Reportagezwecke hat das *Summilux-M 1 : 1,4/50 mm* heute größte Bedeutung für den aktuellen Bildjournalismus. Zahllose unvergeßliche Leica-Aufnahmen, mit derartiger Ausrüstung geschossen, sind Beweise dieser avantgardistischen Objektive.

Nachdem die Blitztechnik allmählich aus ihren Kinderschuhen herausgefunden hatte, wurden schwierigste Lichtprobleme auch für den Farbfilm erschlossen. Geographische, zoologische, botanische, archäologische und andere wissenschaftliche Projekte konnten mit der anpassungsfähigen Ausrüstung an jedem Ort und unter allen Bedingungen dokumentiert werden. In den Leitz/LEICA-Rechenabteilungen wurde die Palette der Objektive den Zeiterfordernissen angepaßt, nach allen Richtungen der Praxis ausgeweitet und zur Serienreife ent-

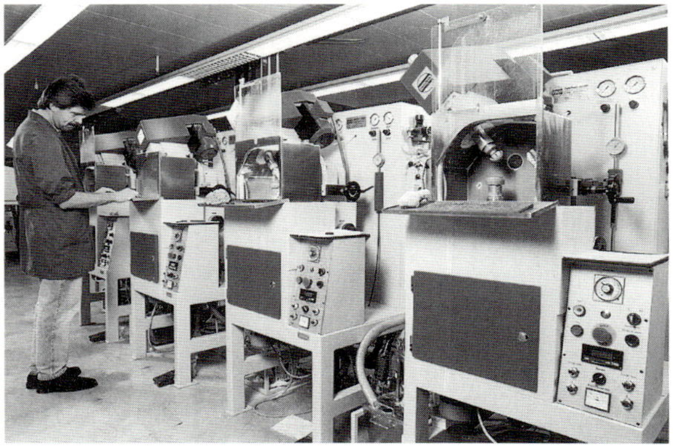

Ein Blick in die Objektiv-Fertigung im LEICA-Stammwerk in Solms. Die weitgehend elektronisch programmierte Steuerung der Linsenschleifautomaten kann niemals auf eine personelle Überwachung und laufende Kontrollen durch geschulte Spezialisten verzichten.

wickelt. Dabei sind sehr früh bei Leitz apochromatische Konstruktionen und asphärische Linsen eingesetzt worden.

Im laufenden Erfahrungsaustausch mit Bildberichterstattern, Wissenschaftlern, Forschern, Künstlern und erfahrenen Amateuren haben die damaligen Werke Ernst Leitz Wetzlar und später die LEICA Camera AG in Solms der harten Praxis stets Rechnung getragen und ihr dabei neue Dimensionen erschlossen. Wer beispielsweise eine höchstpräzise Leica M 6 bauen kann, deren Meßsucher allein aus 104 von Hand montierten Einzelteilen besteht, dessen Erfahrungen müssen sich zwangsläufig auf jedes andere LEICA-Produkt niederschlagen. Natürlich auch auf die neuen *minilux*-Kameras und ihre Objektive.

Weshalb können die Objektive der Leica minilux und minilux zoom auf eine Gegenlichtblende verzichten? Sie vermeiden auch bei extremen Lichtsituationen wie Gegenlicht, hartem Streiflicht oder mehrseitigen Lichteinwirkungen die störenden Reflexe. Die häufig empfohlenen Filter zur Vermeidung von UV-Lichteinwirkung oder kontrastmildernden Dunstverhältnissen erübrigen sich mit dem minilux-Objektiv Summarit ebenso wie bei dem Vario-Elmar, der minilux zoom, weil bereits bei der Auswahl der optischen Gläser eventuelle Farbverfälschungen meteorologischer Herkunft berücksichtigt wurden. Ein Fotoobjektiv erbringt im allgemeinen seine höchste Leistung in einem begrenzten Entfernungs- und Öffnungsbereich. Bei LEICA jedoch ist man ständig bemüht, diese Spanne nach allen Richtungen hin zu erweitern.

Spezielle Objektive für die Edelkompakte

Das neu gerechnete und „maßgeschneiderte" *Summarit 1:2,4/40 mm* ist eine angepaßte Variante des bewährten Leica-Objektivs gleichen Typs: Ein hochkorrigierter, annähernd symmetrischer Sechslinser mit zwei verkitteten Linsengruppen. Die Brennweite

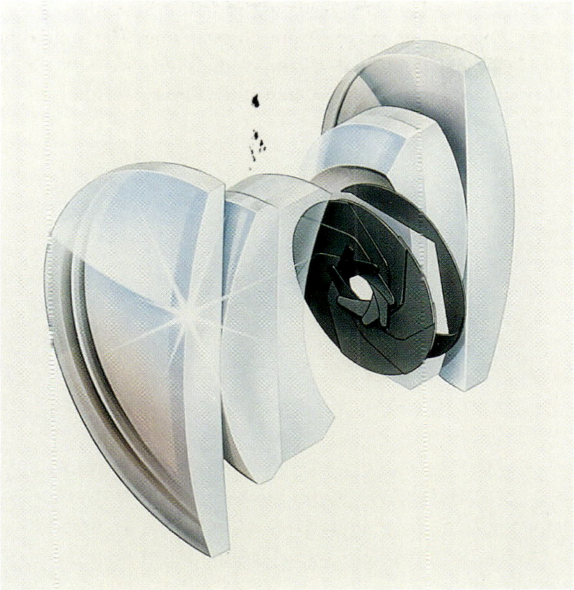

Der räumliche Objektivschnitt des *minilux-Summarit 1 : 2,4 / 40 mm* demonstriert den fast symmetrischen Aufbau des optischen Systems. Zwischen den sechs, teilweise verkitteten Linsen sind die Blenden- und Verschlußlamellen im günstigsten optischen Schnittpunkt angeordnet.

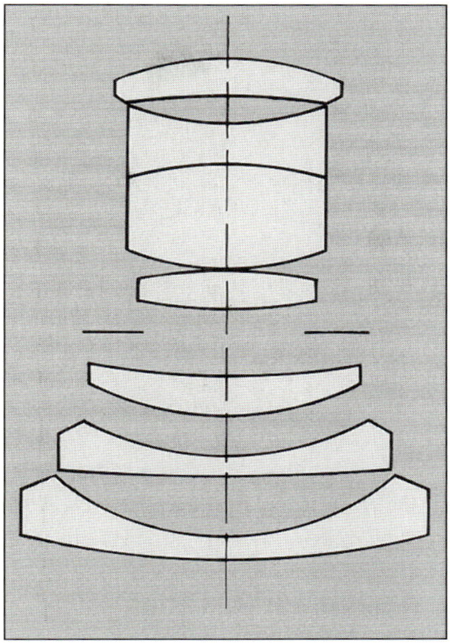

Objektivschnitt durch das *Vario-Elmar 35-70 mm* der Leica *minilux zoom*. Auf Seite 86 finden wir einige technische Details des völlig neu konstruierten Objektivs.

von 40 mm wurde für heutige Bedürfnisse und Anforderungen der dynamischen Schnappschußtechnik verwendet und bietet neben großer Schärfentiefe dennoch ein augengemäßes Weitwinkelbildfeld, geeignet für Personen, lebendige Szenen und gleicherweise für Landschaft und Architektur. Die Objektiv-Öffnung von 1 : 2,4 erweist sich als optimal für kultivierte Kompaktfotografie. Aus technischen und elektromechanischen Gründen wurde die geläufige Objektivöffnung von 1 : 2 hier nicht vorgesehen – zugunsten einer besseren Handlichkeit, Beweglichkeit, geringeren Platzbedarfs und sparsamer Energienutzung. Die um 0,4 reduzierte Lichtstärke hat für die Praxis keinerlei Bedeutung. Das *Summarit* in der *minilux* ist ohnehin das lichtstärkste 40 mm-Objektiv zur Zeit in Kompaktkameras überhaupt. Diese Lichtstärken-Brennweiten-Kombination meistert beim derzeitigen Filmangebot alle Situationen der Kompaktfotopraxis. Der integrierte Blitz erweitert die optische Ausstattung der *minilux/minilux zoom* sinnvoll durch seine angepaßte und nach dem „Flashmatic-Prinzip" entfernungsgesteuerte Kapazität.

Erst bei Verwendung hochauflösender Negativ- und Diafilme zeigt sich die Überlegenheit der Leica-*minilux*-Objektive – am besten im Vergleich mit anderen Objektiven unter gleichen Bedingungen. Mit der *minilux* und ihrem *Summarit* liegen nun schon einige Jahre Erfahrungen vor. So konnte mit den gleichen Ansprüchen auch ein *Vario*-Objektiv entwickelt werden, das wir im Kapitel über die brandneue *minilux zoom*-Kamera eingehend beschreiben. Wer sich eine *minilux*-Leica leistet, sollte daher wenigstens oberflächlich informiert sein, weshalb LEICA seine edlen Kompaktkameras mit derart hochwertigen (und in der Herstellung teuren) Objektiven ausgestattet hat.

Hier nun das *Summarit*: In fast allen mittleren Kompaktkameras sind Objektive eingebaut, die nur unter idealen äußeren Bedingungen eine gute Bildleistung erbringen. Weil aber 90 Prozent aller Amateurfotos unter relativ günstigen Voraussetzungen entstehen, werden die marktüblichen Kameras nach diesen Durchschnittskriterien gemessen und verglichen.

„Günstige Bedingungen“ sind helle, farbenfrohe Motive, hochempfindliche Filme, mittlere Motivkontraste, mittlere bis stärkere Abblendung, keine hellen (Himmels-) Flächen am Bildrand, keine exakt geometrischen Konturen am Bildrand, keine direkt einstrahlenden Lichtquellen mit den resultierenden Aberrationserscheinungen – kurz: nichts fotografisch Außergewöhnliches. Nicht jeder, der anspruchsvoll ist, gibt sich aber immer wieder mit derartigen Einschränkungen zufrieden oder er übersieht sie einfach, denn: interessante Fotos entstehen gerade jenseits dieser üblichen Durchschnittswerte oft unter äußerst extremen Bedingungen.

Vielleicht lassen ein paar Fakten die Problematik moderner Objektivrechnungen und -konstruktionen wenigstens erahnen, welch ein Aufwand bei LEICA- und speziell bei *minilux*-Objektiven getrieben wird. Das *Summarit 1:2,4/40 mm* ist ein sogenannter „Gauß-Typ“ mit sechs Linsen, davon vier Glieder verkittet. Die annähernd symmetrische Linsenanordnung sorgt für eine gleichmäßigere Abbildungscharakteristik in allen Entfernungsbereichen als bei den meist in Kompaktkameras eingebauten unsymmetrischen Weitwinkelsystemen. Daher haben wir es ferner bei den *minilux*-Objektiven mit Konstruktionen zu tun – ohne die aufwendig zu korrigierenden Retrofokussysteme, wie sie z.B. in Spiegelreflexkameras aus Gründen der größeren Schnittweite verwendet werden müssen. Der mechanische Vorteil: Ein geringer Ausfahrhub beträgt bei der *minilux* mit *Summarit* nur 16 mm. Durch Verwendung verschiedener hochwertiger Glassorten für die einzelnen Linsen mit ihren besonderen optischen Eigenschaften (hohe Brechnungskoeffizienten) konnte beim *Summarit* eine hohe Kontrastleistung, nicht zuletzt auch mittels achtfacher Entspiegelung der Glas-Luft-Flächen, selbst bei voller Öffnung erzielt werden. Bei Schlechtwetteraufnahmen, in lichtarmen Innenräumen und bei kontrastarmen Objekten wirkt sich dieser Aufwand entscheidend aus. Die Anordnung der Blenden/Verschlußlamellen im günstigsten Strahlenschnittpunkt, in der Mitte des Systems, sorgt bei jeder Abblendung und bei allen Belichtungszeiten für hervorragende Bildqualität bis zum Bildrand. Insofern ist jedes *minilux*-Objektiv mit den Hochleistungsobjektiven der Spitzenklasse, etwa der optischen Ausstattung der Leica-M-Wechselobjektive, vergleichbar.

Schließlich noch ein Wort zur Objektivkontrolle bei LEICA: Bei anderen Produkten werden aus Gründen einer rationellen Fertigung üblicherweise auch wertvolle Objektive meist nur stichprobenartigen Werkskontrollen unterzogen. LEICA dagegen leistet sich den traditionellen Luxus einer lückenlosen Endkontrolle und einer konsequenten Aussonderungs-Praxis bei jedem einzelnen *minilux*-Objektiv.

Kleiner technischer Steckbrief

An der *minilux*-Frontseite befinden sich einige „Fenster“, Dioden und zum Teil verdeckte Sensoren. Sie vermitteln die Daten für die Kameraelektronik. Wir wollen uns das Zusammenwirken dieser Elemente einzeln und schrittweise vor Augen führen.

Die *minilux*-Kamera und ihre Funktionen

Die Leica *minilux* frontal in natürlicher Größe. Einige Fenster der elektronischen Meßsonden liegen verdeckt unter schwarzer Blende und ermöglichen somit ein sehr harmonisches, elegantes Design der Kamera.

Damit ein Schnappschuß gelingt, damit das Objektiv der Kamera seine optische Leistung optimal verwirklichen kann, müssen zahlreiche Funktionen im Bruchteil einer Sekunde zusammenwirken. Die *minilux*-Technologie wurde deshalb um das eigens dafür gerechnete optische System im wörtlichen Sinne „herumgebaut".

Wenn wir die Leica *minilux* mit einem Griff schußbereit machen und abdrücken, haben wir in den weitaus meisten Fällen als Ergebnis ein scharfes, brillantes und korrekt belichtetes Farbfoto oder -Dia als Resultat in Händen. Man könnte nun einwenden, ähnliches leisten viele andere Kompaktkameras auch. Doch müssen bei anderen, wie gesagt, erhebliche Einschränkungen in Kauf genommen werden.

Was nun unterscheidet die *minilux* grundsätzlich von den anderen Kameras? Ein gediegenes optisches Instrument besteht von jeher aus hochwertigen Metallkörpern und speziell gefertigten Gläsern für Linsen, Linsenkombinationen und Prismen. Leistungsfähige Mikroskope, Ferngläser, optische Meßgeräte und natürlich auch gute Kameras kann man sich aus billigem Material kaum vorstellen. Deshalb wurden die Kameras der Leica *minilux*-Klasse selbstverständlich mit dem praktisch unverwüstlichen Titangehäuse ausgestattet – äquivalent zu ihrem Hochleistungsobjektiv.

Jeder Fachmann wird es bestätigen: Je anspruchsvoller die Kamera ist, desto sicherer ermöglicht sie vielseitige, individuelle Fotografie. Bei Bedarf lassen sich hochwertige Kameras nämlich durch Ausschaltung ihrer Programmautomatik ganz auf manuelle Einstellungen umschalten. In der modernen Fotografie heißen die beiden Technik-Rivalen Digitalfotos oder klassische Filmchemie. Spätestens wenn der Projektor brillante Dias moderner Umkehrfilme metergroß auf die Bildwand strahlt, scheiden sich die Geister. Der Unterschied eines Dreilinsen-Kameraobjektivs und eines Sechslinsers werden dabei deutlich. Die Filme werden von Jahr zu Jahr verbessert – sie nähern sich in ihrer Abbildungsqualität, in Auflösung und Konturenschärfe langsam der optischen Leistung unserer Spitzenobjektive. Mit den Objektiven der *minilux* und *minilux zoom* kann dieses „Kopf an Kopf-Rennen" zuversichtlich abgewartet werden. Der optische Vorsprung bleibt. Das pulsierende Leben ist ihr eigentliches Element. Kurz, wer solche Ambitionen hat und die Kamera in seine Lebensbiographie inte-

Bild rechte Seite:
Schnappschüsse sollen immer eine kleine Geschichte erzählen. Hier das Ergebnis einer motorgeschossenen Vierer-Serie. *minilux Summarit 40 mm*, Kodachrome 64 Diafilm.

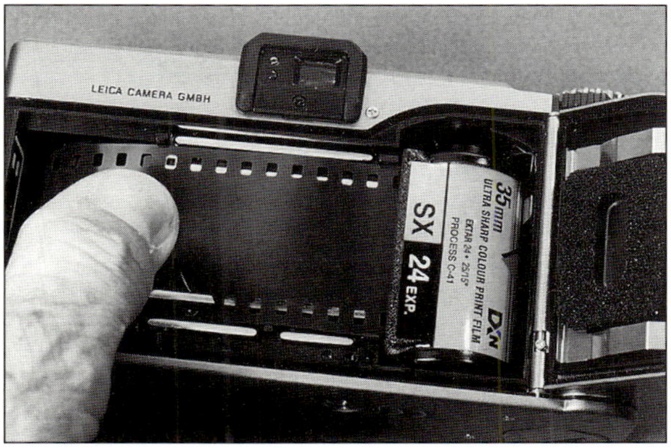

Film zu Ende. Motorische Rückspulung. In Sekunden wird eine neue Kassette eingelegt und motorisch auf „Start" gespult.

griert, wer seine guten und schweren Tage für Nachkommen, Verwandte oder Freunde immer und überall authentisch dokumentieren möchte, der braucht ein verläßliches, allzeit funktionierendes Handwerkszeug, eine Kamera, die weder Probleme, noch Hemmungen und Ausfälle kennt. Wer dabei noch eine Sensibilität für solide Technik hat, wer sich darüber hinaus noch für sinnvolles Design, wer dabei zwangsläufig LEICA als Repräsentanten vollendeter kreativer Fototechnik schätzt, der hat schon Argumente genug für eine echte Leica als ständige Begleiterin, als Kamera für's Leben.

Wen es interessiert, den sollen einige Detailinformationen darüber unterrichten, was in seiner *minilux* wirklich steckt, welche hochtechnischen Bauteile darin verborgen sind und wie all diese Einzelfunktionen schließlich in ihrem Zusammenwirken erkennbar überdurchschnittliche Resultate bedingen. Wer noch nicht mit einer *minilux* fotografiert, der soll sich hier möglichst ausführlich über diese vielseitige Kamera informieren können. Naturgemäß kann in diesem Rahmen nicht auf feinmechanische, elektrische und optische Einzelheiten eingegangen werden.

Schnappschüsse – vollautomatisch

Es gibt *minilux*-Amateure mit einer beneidenswerten Unbekümmertheit. Sie scheren sich überhaupt nicht um irgendwelche Technik und haben auch die Anleitung zur Kamera kaum gelesen oder nur die handliche Kurzanleitung überflogen und diese sodann selbstsicher in ihre Kameratasche gesteckt. Solche Leute schalten die Kamera am Funktionswähler auf „Auto" und überlassen alles weitere der genialen *minilux*-Technik, schießen „schnapp" und ziehen danach den Reißverschlußbeutel mit verstauter Kamera zufrieden wieder zu. Ihre Aufnahmen – unter üblichen Umständen – erscheinen trotzdem beinahe alle exzellent. „Beinahe alle" müssen wir leider einwenden. Wer sich grundsätzlich niemals mit der Eigenart des relativ unscheinbaren Meßfeldes im Kamerasucher befaßt hat, wer dieses kleine Viereck in der Suchermitte womöglich beim Schnappschießen gar nicht beachtet, kann von Glück sagen, wenn seine Fotos trotzdem meist in Ordnung sind.

Ein Handgriff am Rastknopf des Funktionswählers schaltet auf Schnappschußbereitschaft. Wenn wir schußverdächtigen Szenen begegnen, ruht der Daumen bereits am Schaltknopf, jederzeit zur Aktivierung bereit. Übrigens schaltet die Kamera zur Batterieschonung vor allem bei Blitzzuschaltung nach einigen Minuten den Stromkreis wieder aus. Die gilt für die *minilux zoom 40 mm.*

Die Autofokussierung

Der Hauptschalter der Kamera liegt als schwarzer Ring unter dem Funktionswähler rechts am Gehäuse. Mit dem gerändelten Griff wird die erste Raste aus ihrer Null-Stellung auf „Programm-Automatik" gestellt. Der weiße Index zeigt nun auf „P" – die Kamera ist schußbereit. Ohne irgendwelche weitere Tasten zu drücken paßt sich die *minilux* beim Auslösen auch schwierigen Motiven sofort an und liefert optimale Bilder, mit oder ohne automatischer Blitzzuschaltung. Nur wenn bei Personenaufnahmen dem gelegentlichen „Rote-Augen-Effekt" vorgebeugt werden soll, drücken wir einmal auf die MODE-Taste gleich neben dem Sucher. Durch einen Vorblitz verengen sich die Pupillen der Personen, wenn sie bei spärlichem Licht frontal in die Kamera blicken.

Die Infrarot-Entfernungsmessung ist die genaueste und schnellste aller kameratechnischen Meßmethoden. Die Einstellscheibe der Spiegelreflexsysteme oder der optische Mischbild-Entfernungsmesser beziehen sich dagegen immer auf das geübte Auge des Fotografen.

Nahaufnahmen

Über die Autofokusmessung ist die kleinstmögliche Aufnahmeentfernung (Kameraabstand) von 70 cm leicht zu ermitteln. Im annähernd geschätzten Abstand wird der Auslöser angetippt. Voraussichtlich blinkt das grüne Bestätigungssignal neben dem Sucher, das heißt, wir sind mit der Kamera zu nahe am Objekt. Auslöser loslassen, mit der Kamera einige Zentimeter zurückgehen, wieder antippen usw. bis die grüne Diode konstant leuchtet. Nun haben wir 70 cm Abstand (oder auch etwas mehr). Voraussetzung ist natürlich genügend Helligkeit des Objekts. Wir können bei diesem Abstand auslösen. Bei manueller Entfernungseinstellung leuchtet die grüne Signaldiode immer konstant, wir haben damit keine kameratechnische Entfernungskontrolle, sondern müssen messen. Wenn dagegen mit MODE „Blitz OFF" eine manuelle Blitzzuschaltung notwendig wird, blinkt die grüne Signaldiode. Im Sucherzentrum erkennen wir ein kleines, rechteckiges Feld. Dieses Viereck definiert genau den Bereich, auf den die Kamera beim leichten Antippen des Auslösers stets automatisch scharf einstellt. Bei leicht angedrücktem Auslöser, d. h. beim Aktivieren der Meßelektronik, erfaßt der Infrarotsensor – im Hellen wie im Dunkeln – das angepeilte Objekt oder den Objektteil und übermittelt den betreffenden Zeitwert der Infrarotreflexion an den Bordcomputer der Kamera. Dieser wiederum verwandelt die erhaltenen Daten

Die Markierungen im brillanten *minilux*-Sucher. In der Mitte das Meßfeld für die Autofokussierung. Oben die Nahbereichs-Markierungen für den Bildrand bei Abständen unter 1 m. Die seitlichen kurzen Strichmarkierungen definieren die Höhe des Bildformates bei Panorama-Aufnahmen. Links neben der Suchermaske sind die beiden Leuchtdioden für Aufnahme- und Blitzbereitschaft angeordnet. Im Sucherokular können Korrekturlinsen für Brillenträger eingesetzt werden.

unmittelbar in Stromimpulse für den Fokussiermotor des Objektivs zur Scharfstellung auf das im Meßfeld anvisierte Objekt. Diesen technischen Vorgang sollten wir uns einmal deutlich machen, um beim spontanen Fotografieren die wichtige „Druckpunktnahme" sinnvoll anzuwenden. Wenn der Auslöser für die Aufnahme nun ganz durchgedrückt wird, öffnet sich der Verschluß zur Belichtung.

Der minilux-Druckpunkt-Auslöser

Die Arbeitsweise mit dem Druckpunkt ist in der modernen Kompaktfotografie die bequemste, schnellste und sicherste Methode der Scharfeinstellung, wenn man von den billigen Fixfokus-Objektiven absieht. Deshalb sollten wir uns die Druckpunkt-Technik so geläufig machen, daß wir sie im Schlaf beherrschen. Siehe auch die Simultan-Übungen auf Seite 42.

Druckpunktnehmen heißt: Den Auslöser schwach antippen. Ein leises Summgeräusch meldet die Fokussierung (Scharfeinstellung) des Objektivs. Der Motor des Objektivs stellt auf die Person oder den Gegenstand ein, welche/r im Moment der Druckpunktnahme vom kleinen Meßfeld in Suchermitte erfaßt wird. Nochmals die Reihenfolge nach Einschalten der Kamera: Hauptobjekt anvisieren, Druckpunkt nehmen, Druckpunkt halten.

In unseren Bildbeispielen zeigen wir typische „Problem-Motive", die eine vorherige, gezielte Druckpunktnahme auf einen der beiden Partner erfordern. Wer sich dies zur Gewohnheit macht, der hat mit der *minilux* die schnellste Präzisionskamera stets schußbereit in der Hand.

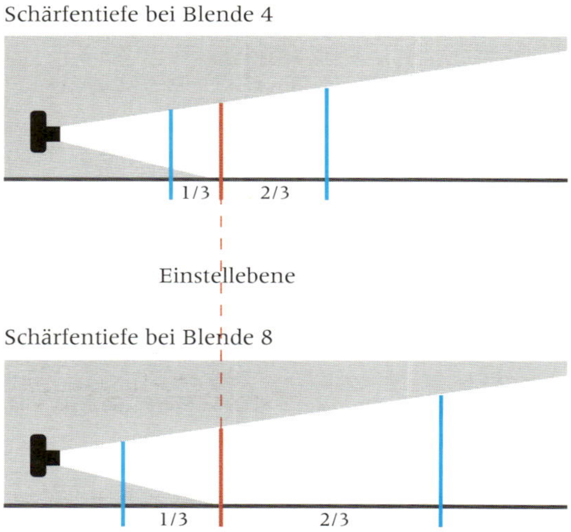

Bild oben links:
Schematische Darstellung der Schärfentiefe-Ausdehnung. Bei jeder Blende reicht die Schärfenebene vom Einstellpunkt jeweils 1/3 zur Kamera und 2/3 in die Ferne. Bei tiefgestaffelten Objekten richten wir das Meßfeld auf die vorderen Bildpartien.

Bild oben rechts:
Hier wird eine erhebliche Schärfentiefe verlangt, denn die Touristin im Vordergrund ist ebenso wichtig, wie das Felsenkloster in den beschatteten Regionen. Das Meßfeld wurde hier auf die zurückliegenden Steinplatten gerichtet, die noch im Sonnenlicht lagen, und Druckpunkt genommen. Damit wurde eine Überbelichtung der hellen Bildpartien und gleichzeitig eine angemessene Schärfentiefe für Vorder- und Hintergrund ermittelt.
Kodachrome 25 Diafilm.

Mit angetipptem Auslöser nun das gesamte Motiv im Sucher erfassen und zur Aufnahme den Auslöser ganz durchdrücken. Die Einstellschärfe liegt beim Auslösen exakt in der Ebene des/r vorher anvisierten 0bjekts/Person und nicht etwa in irgendeiner unwichtigen Bildpartie (z.B. im Hintergrund). Natürlich haben wir häufig noch Schärfentiefe zur Verfügung. Dazu sollte man wissen, daß die Schärfentiefe bei jedem Objektiv – von der scharf eingestellten Ebene ausgehend – sich nach vorn (zur Kamera hin) etwa um 1/3 und in die Ferne um etwa 2/3 erstreckt. Bei mittleren Blenden und mittleren Entfernungen – etwa bei Gruppenaufnahmen etc. – reicht daher die Schärfentiefe mehrere Meter weit.

Was bedeutet eigentlich „Schärfentiefe"?

Jedes Fotoobjektiv muß die dreidimensionale Umwelt auf eine zweidimensionale Filmebene projizieren. Der Idealfall wäre ein zweidimensionales Motiv; da dies nur selten vorkommt, müssen wir durch Abblendung die abgebildete Schärfenebene erweitern. In der Praxis heißt das:

Eine Landschaft oder eine in die Tiefe gestaffelte Personengruppe soll in ihrer ganzen Tiefenstaffelung scharf abgebildet werden. Wir müssen unser Objektiv soweit abblenden, bis die Dinge oder Personen von vorn bis hinten scharf erfaßt werden. Nun dehnt sich die Abbildungsschärfe eines Objektivs stets von der Kamera weg um 2/3 aus. Wir sollten daher unser bildwichtiges Hauptobjekt immer in das vordere Drittel des Schärfenbereichs legen. Bei Abblendung verändert sich die Relation der Schärfe (1/3 zu 2/3) nicht – sie vergrößert sich nur. Bei geringen Aufnahmeabständen schrumpft die Schärfentiefe erheblich. Aus der Tabelle, die wir der Gebrauchsanleitung zur *minilux* entnehmen, sind die Distanzen ersichtlich.

Bild oben links:
Die volle Öffnung der *minilux*-Objektive als wirksames Gestaltungsmittel. Im Nahbereich bei 70 cm Abstand beträgt die Schärfentiefe bei Blende 11 zwar nur ca. 20 cm, beschert uns aber trotzdem zuweilen einen verwirrenden Hintergrund.

Bild oben rechts:
Stellen wir aber die Blende manuell auf 2,4 (volle Öffnung), so schrumpft die Schärfentiefe augenblicklich auf nur noch 4 cm zusammen und isoliert jedes Vordergrundobjekt plastisch und dominierend.
Beide Aufnahmen auf Kodachrome 25 Diafilm.

Spielen mit der Schärfenebene

Die Fotografie bietet – gegenüber allen darstellenden Künsten – die Möglichkeit der Unschärfe. Wer unter allen Umständen mit der Kamera stets alles scharf abbilden möchte, der nutzt die eben genannte Eigentümlichkeit der Fotografie nicht ganz aus. Beispielsweise hat der kreative Fotograf oft Gelegenheit, sein Objekt, auf das es ihm ankommt, von der Umgebung zu isolieren und damit optisch deutlich hervorzuheben.

Er kann die Schärfenzone durch Aufblenden verkleinern, er kann die Schärfenzone in der mittleren

Teil des Motivs verlegen und die Umgebung nach vorn und nach hinten in weich verlaufender Unschärfe abklingen lassen. Viele Möglichkeiten der Bildgestaltung stehen ihm damit offen. Derartige fotografische Fakten sind schließlich ein Kriterium für die Spiegelreflexkamera mit ihrer bildgleichen Einstellscheibe.

Aber auch die Kompakttechnik der *minilux* ermöglicht das Spiel mit der Schärfenebene. Bei jedem leisen Antippen des Auslösers wird das Meßergebnis sofort neu gespeichert, welches mit dem Meßfeld erfaßt worden ist. Auch wenn vorher noch woandershin gezielt worden ist, so bleibt immer die letzte, eben angetippte Distanzmessung bis zum Auslösen in der Kamera gespeichert. Mit dem Infrarotstrahl läßt sich somit äußerst exakt und zentimetergenau die gewünschte Schärfenzone ermitteln – und das ist letztlich für eine gezielte Bildkomposition entscheidend.

Bei dieser Einstellmethodik macht sich vor allem die Abbildungsleistung des *Summarit 1:2,4* schon bei voller Öffnung bemerkbar. Die schmale, oft nur zentimetertiefe Schärfenebene wird zum Medium souveräner Bildgestaltung. Das Geheimnis derartiger Kompositionen mit der kleinen, begrenzten Schärfenebene liegt in der bewußten Anwendung voller Öffnung bei kurzen Aufnahmedistanzen – also im Bereich der kleineren Objekte. Man kann hier mit Autofokus, aber auch mit manuell eingestellter Blende und Entfernung arbeiten.

Die Lichtmessung

Parallel zur automatischen Fokussierung des Objektivs und gleichzeitig mit dem leicht angedrückten Auslöser wird die Helligkeit des Motivs gemessen und auch dieser Wert in die spezielle Recheneinheit für Objektivblende und Verschlußzeit eingegeben.

Die betreffende elektronische Programmschaltung ermittelt die günstigste Relation zwischen Blende und Verschlußzeit und paßt die feinfühlige Kameramechanik den jeweiligen Motivverhältnissen optimal an. Weitere elektronische Impulse aus der Helligkeitsmessung steuern auch die automatische Zuschaltung des eingebauten Blitzgeräts, wenn dies bei zu geringem Licht erforderlich wird. Außerdem werden die blinkenden rotgrünen Signaldioden seitlich am Sucher aktiviert, um die Schußbereitschaft (Blitzbereitschaft) mit einem konstanten Dauerlicht zu signalisieren.

Wenn dann nach Druckpunktnahme alle Kamerafunktionen fixiert sind, kann geschossen werden. Dazu wird der Auslöser ganz durchgedrückt. Die motorische Bildschußfolge bei Dauerauslösung beträgt etwa zwei Sekunden und mit Blitz um die fünf Sekunden, je nach Batteriezustand. Die Steuerung der Belichtung ist im Werk nach den sehr enggesteckten Industrienormen geeicht worden. Dennoch sind gelegentlich minimale Toleranzen bei Verschlußzeit und Blendenwert nicht auszuschließen.

Die DX-Codierung der Filme wird ebenfalls nach den vorgegebenen Normbestimmungen der Kameraelektronik zugeführt. Innerhalb der sehr engen Toleranzen für die Lichtempfindlichkeit der Filmemulsionen differieren die ASA/ISO-Werte ebenfalls geringfügig unter den verschiedenen Marken und selbst innerhalb einer Marke und eines Filmtyps.

Im Idealfall heben sich derart kleine Abweichungen gegeneinander auf. Andererseits kann es aber auch einmal vorkommen, daß sie sich summieren und somit eine merklich abweichende Belichtung ergeben. Für Negativfilme dürfte dies unerheblich sein, weil selbst größere Belichtungsunterschiede bei der Positivbearbeitung ausgeglichen werden können. Empfindlicher reagieren jedoch Diafilme, die eine exakte Belichtung erfordern, weil damit keine nachträgliche Korrektur möglich ist.

Bild oben:
Ein optisch reizvolles Thema: Silhouetten. Zunächst wurde der Hintergrund voll im Sucher erfaßt und Druckpunkt genommen. Mit gehaltenem Druckpunkt schwenkte die Kamera auf die Skulptur und wurde ausgelöst.
minilux, Ektachrome Elite DiafilmISO 100, Entfernung manuell eingestellt.

Bild unten:
Die Lichtmessung beider *minilux*-Modelle ist integral und mittenbetont ausgelegt. Dabei werden Helligkeitsunterschiede des Motivs ausgeglichen und vornehmlich alle Objekte in Bildmitte berücksichtigt. Objekte in den Randzonen müssen bei Druckpunkthaltung nach der Messung in die gewünschte Zone verlegt werden.

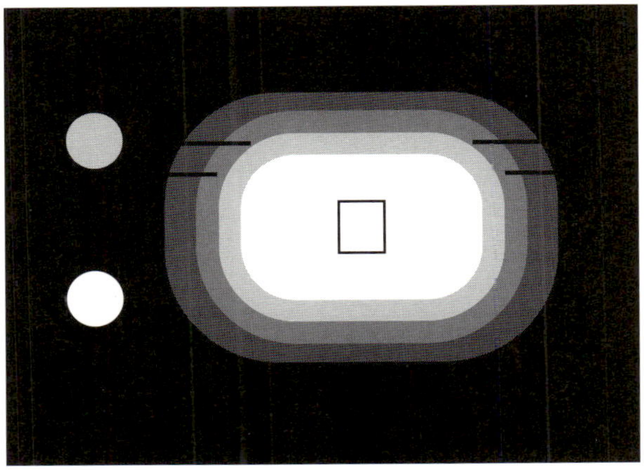

Der automatisch zugeschaltete Blitz würde die abendliche Atmosphäre verfremden. Die über die grüne Diode gemeldete Verwackelungsgefahr wurde durch Aufstützen der Ellenbogen am Nebentisch gemildert. Es ergab sich eine zwar nicht überall ganz scharfe, aber stimmungsvolle Erinnerungsaufnahme. Kodachrome 64 in der *minilux zoom*, 1/4 sec., Blende 5,6, 50 mm („Blitz OFF").

Das minilux-Programm denkt mit – weitgehend

In der Anleitung zur *minilux* und am Schluß des Buches finden wir ein grafisches Arbeitsdiagramm der Kameraprogrammierung, kurz: der automatischen Steuerung von Blende und Verschlußzeit in optimaler Relation für die allgemeine Fotopraxis, und Motive, die uns täglich begegnen. Die zahlreichen weiteren Betriebsarten dienen sodann der individuellen Ausschöpfung fotografischer Experimentierfreude und manueller Beeinflussung für besondere Bildeffekte.

Zunächst aber: Was nimmt uns die *minilux* automatisch ab?

- automatische Filmeinfädelung
- DX-Codierung der Filmempfindlichkeit
- Filmtransport
- Serienbildauslösung
- Filmrücktransport
- Kennzeichnung des eingelegten Films im Fenster
- Batteriekontrolle
- automatische Blitzzuschaltung bei Bedarf
- entfernungsabhängige Blitzdosierung
- LCD-Feld-Beleuchtung bei Dunkelheit
- Selbstauslösung
- Meldung der Schußbereitschaft (LED-Dioden)

So behalten wir den Kopf frei für die zahlreichen Möglichkeiten, mit denen sich unsere Aufnahmen nach Belieben weiter beeinflussen lassen. Das Außergewöhnliche der *minilux*: Man kann die Automatik ganz oder teilweise abschalten und nach Geschmack und Intuition von Hand einstellen und individuell fotografieren. Wer sich in diesem Ratgeber zunächst einmal über die *minilux* ausführlich informieren möchte, ohne schon Besitzer der Kamera zu sein, dem sei in den weiteren Kapiteln eine kleine Übersicht gegeben, was man mit diesen Leica-Modellen im praktischen Bereich alles machen kann.

Viele technische Details der Kamera stimmen mit der *minilux zoom* überein. Die besonderen Möglichkeiten der *minilux zoom* werden in dem entsprechenden Teil dieses Buches ab Seite 82 beschrieben.

Die äußeren Bedingungen beim Fotografieren zeigen sich derart vielfältig, daß es einer ausgeklügelten Elektronik bedarf, die ein jeweils günstiges Verschlußblenden-Verhältnis garantiert. Konstruktiv ging man bei den *minilux*-Kameras davon aus, daß der Fotograf für die angängigen Situationen von der Kamera eine optimale Kombination erwarten kann. Im Bereich längerer Verschlußzeiten, die wir bei weniger hellen Motiven brauchen, steuert die Kamera bei ihrer Helligkeitsmessung automatisch zunächst nur die Verschlußzeit, um damit die (konstant bleibende) volle Öffnung des Objektivs möglichst zu nutzen. Nur bei Universalbetrieb wird in solchen Fällen auf Blitz geschaltet. Der Verschluß arbeitet dabei mit

Bei dem Hochzeitsschnappschuß kam es vor allem darauf an, die Seifenblasen im Bild an der richtigen Stelle einzufangen. Deshalb wurde mit motorischem Filmtransport eine Serienbelichtung vorgenommen. Aus der Bildfolge ist das beste Foto für die Danksagungskarte ausgewählt worden.
Aufnahme: Michael Dillinger.

der längsten Belichtungszeit, die bei Freihandaufnahmen noch verwackelungsfrei angewendet werden kann – nämlich bei der *minilux* mit der 1/60 sec.

Bei manueller Abschaltung der Blitzautomatik errechnet die Kamera augenblicklich die erforderliche Langzeitbelichtung für das betreffende Motiv und meldet über eine grüne Leuchtdiode (blinkend) die dabei mögliche Verwackelungsgefahr, der man mit den üblichen Methoden (ruhige Hand, aufgestützte Kamera oder Stativ) vorbeugen muß. EV 8,5 (8,5 cd/m²) ist ein physikalischer Helligkeitswert im Grenzbereich für Geradenoch-Freihandaufnahmen. Ab diesem Belichtungswert in Richtung hellere Motive wird bei konstanter 1/60 sec. verwackelungsfreier Verschlußzeit nur noch das Objektiv um einen Schritt (1:4) abgeblendet. Danach tritt wieder bei noch mehr Helligkeit die Programmautomatik in Aktion, d. h. Blende und Verschlußzeit gleichen sich stets optimal den Motivverhältnissen an.

Um eine möglichst große Schärfentiefe zu gewinnen, wird nunmehr die Blende dynamischer, d. h. in größeren Blendenschritten geschlossen als der Verschluß, weil erfahrungsgemäß häufiger größere Schärfentiefe als kleinere Verschlußzeiten gebraucht wird. Mit einem ISO-200-Film und vollem Sonnenschein kann daher kaum etwas schiefgehen. Die Kamera belichtet mit 1/250 sec. bei Blende 16 und ist damit voll ausgereizt.

Es gibt keinen Fotografen, selbst wenn er sich noch so ungeschickt anstellt, der dann noch unscharfe oder fehlbelichtete Aufnahmen produziert – mit Universalbetrieb.

Wie gesagt: Am Schluß des Buches ist das Blendenzeit-Diagramm nochmals veröffentlicht, welches auch in der Kameraanleitung enthalten ist – damit soll hier nur noch einmal die Intelligenz der Kamera bestätigt werden für jene Theoretiker, die alles Schwarz auf Weiß besitzen möchten.

„Grau, teurer Freund, ist alle Theorie,
doch grün des Lebens goldner Baum…“

(Faust I)

Mit dem Funktionswähler verwandeln wir unsere *minilux* in eine „normale" manuell einstellbare Kreativkamera. Wir bestimmen über Blende und Entfernung selbst und können damit die Bildwirkung beeinflussen. Bei der MODE-Betriebsart „B" wird beispielsweise so lange belichtet, wie wir den Auslöser drücken. Im Datenfeld erscheint die bereits abgelaufene Belichtungszeit in Sekunden laufend.

Der Funktionswähler

Mit dem schwarzen Schaltring mit seinem geriffelten Griff und weißem Index unter der Entfernungsskala wird die Kamera eingeschaltet. Mit der *minilux* in der Hand fühlt man auch im Dunkeln und ohne hinzusehen den Ein-Aus-Zustand.

Falls das Blitzgerät eingeschaltet wurde, bleibt es ca. 5 min. blitzbereit und schaltet dann automatisch ab, um Batteriestrom zu sparen. Ebenso schaltet danach die LCD-Anzeige ab (Standby-Modus).

Die erste Raste am schwarzen Schaltring aktiviert Kameraelektronik und LCD-Datenfeld. Außerdem fährt das Objektiv nach automatischer Öffnung der Schutzkappe in Aufnahmeposition. Der weiße Index am schwarzen Ring des Funktionswählers weist auf „P" = Programmautomatik. Achtung! Beim Einschalten der Kameraelektronik nicht gleichzeitig und unabsichtlich den Entfernungsring verstellen. Dieser bleibt zunächst auf „AF" stehen.

Bis hierher braucht man keinen Blick auf irgendwelche Skalen, Ziffern oder das Datenfeld zu werfen. Blick durch den Sucher, Druckpunkt – wie vorher beschrieben – für Messung und Auslösen. Die Scharfzeichnung des leistungsstarken *Summarits* wird dabei stets optimal genutzt, auch der vom System errechnete Schärfentiefenbereich ist optimal definiert. Wozu aber dann auch noch diverse Einstellungen von Hand?

Später, im fotografischen Teil, werden einige Motive erwähnt, auf die beispielsweise unsere Infrarotmessung nicht oder nur beschränkt anspricht. Hier nur soviel: Ab und zu wird eine manuelle Entfernungseinstellung erforderlich oder wünschenswert.

Da die Schärfentiefe des kurzbrennweitigen Leica-*Summarit 40 mm* schon bei seiner vollen Öffnung von 1 : 2,4 in mittleren Distanzen von etwa 3,5 m weit über der 1 m-Spanne liegt, genügt bei manueller Einstellung eine grobe Entfernungsschätzung mit Toleranzen um 20 cm und mehr, um Scharfzeichnung im Foto an bildwichtiger Stelle zu erhalten. Bei größeren Entfernungen und besonders schon bei geringer Abblendung dehnt sich die Schärfentiefe sehr schnell noch viel weiter aus. Bei guten Lichtverhältnissen schaltet das Objektiv automatisch auf mittlere Blenden.

Im Praxis-Teil finden wir einige real-orientierte Schärfentiefeangaben, die man sich – auch in Bezug auf die verwendeten Film-ISO-Werte – leicht merken kann. Aber schon jetzt, bei unserer zunächst rein technischen Kamerainformation und ihrer adäquaten Konzeption, sei darauf hingewiesen, daß es selten bildmäßig wirklich erstrebenswert ist, gestochene Konturenschärfe von vorn bis in den fernsten Hintergrund zu haben. Für Aufnahmen im mittleren

Nahbereich erlaubt die *minilux*-Kamera Distanzen bis herunter auf 70 cm. Bei geringerem Kameraabstand blinkt die grüne Signalleuchte neben dem Sucher. Ab Entfernungen von 70 cm und weiter leuchtet die grüne Signalleuchte konstant und meldet Aufnahmebereitschaft. Das Bildfeld erfaßt bei 70 cm Abstand eine reale Objektgröße von ca. 40 x 60 cm.

Freilicht-Porträt-Schnappschuß. Nicht nur bei Farbaufnahmen tritt zuweilen der „Rote-Augen"-Effekt in den angeblitzten Pupillen auf. Auch Schwarzweißfotos können entstellend wirken, wenn bei Dunkelheit direkt geblitzt wird. Helle Sonne jedoch verengen die Pupillen, und der Blitz zaubert oft sogar reizvolle Spitzlichter in die Augen.
***minilux 40 mm*, Ilford Pan F Film ISO 50, Ausschnitt.**

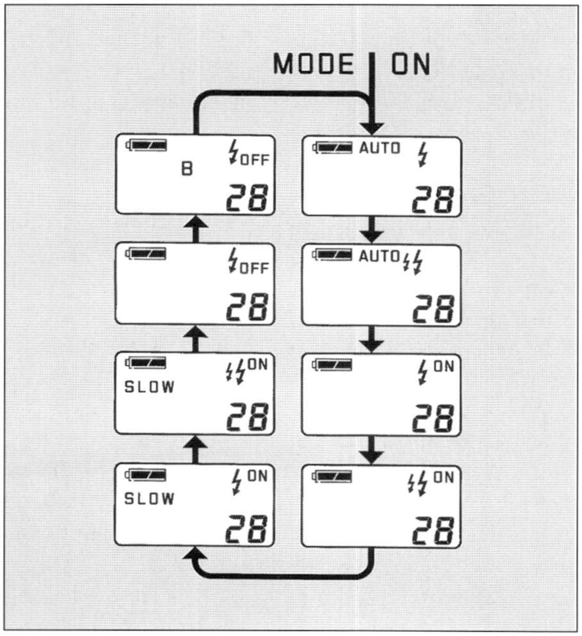

Alle *minilux*-Betriebsarten im Überblick, zu schalten mit der MODE-Taste. Dabei ist zu berücksichtigen, daß die *minilux zoom*-Kamera aus objektiv-technischen Gründen keine Zeitautomatik besitzt, also die Blende nicht vorgewählt werden kann.

Abbildungen rechte Seite:
Die unliebsamen „roten Augen" (Abbildung der Retina bei Frontalblitz) werden durch MODE-Schaltung auf „Doppelblitz" verhindert oder reduziert.

Die weiteren Betriebsarten

Mit der MODE-Taste auf der Kameraoberseite lassen sich insgesamt acht grundsätzliche Betriebsarten eingeben und auf dem LCD-Feld in Form von Symbolen ablesen.

Beim Einschalten der Kamera erscheint im Sichtfeld oben links das Batteriesymbol. Bei allen Betriebsarten gibt es stets über den Ladezustand der Batterie Auskunft. „Auto" bedeutet eingeschaltete Automatik als Grundschaltung für normale Motive, drinnen und draußen – gegebenenfalls mit automatisch zugeschaltetem Blitz. Bei noch nicht angetipptem Auslöser erscheint rechts unten noch die Zahl der bereits geschossenen Aufnahmen des eingelegten Films. Beim Antippen blinken statt dessen wechselweise die ermittelte Blende und Verschlußzeit. Mit dem Blendeneinstellring kann die Blende auf einen anderen gewünschten Wert gestellt werden, was sogleich auch eine neue, angepaßte Verschlußzeit bewirkt (Zeitautomatik).

Bei einer weiteren MODE-Schaltung zeigt sich das Doppelblitzsymbol und bedeutet den schon erwähnten Vorblitz gegen den „Rote-Augen-Effekt" bei Frontalblitzen von Personen unter schwachen Lichtverhältnissen. Da der Kamerablitz nahe der optischen Achse abstrahlt, erscheint dabei oft die Retina der Augen als kleine rote Scheibe in der Pupille. Der Vorblitz läßt die weit geöffnete Iris kurz vor der eigentlichen Aufnahme enger werden und mildert diese Erscheinung.

Der Blitz wird nur bei ungünstiger Beleuchtung automatisch zugeschaltet, wenn die Kamera bei Freihandaufnahmen (1/60 sec.) bei dem verwendeten Film (mit niedrigem ASA-ISO-Wert) die Lichtverhältnisse ohne Blitz nicht mehr bewältigt. Bei hellem Sonnenschein wird daher der Blitz kaum automatisch eingeschaltet. Dennoch kann die Blitzleuchte der Kamera auch bei hellem Sonnenschein und entsprechenden Schlagschatten von ausgleichender Wir-

kung sein – etwa Aufhellung allzu starker Lichtkontraste bei Personen und Schatten oder im Gegenlicht. Von der ersten universellen Auto-Betriebsart ausgehend wird zweimal die MODE-Taste gedrückt, und wir haben eine ständige Blitzaufhellung bei jeder Aufnahme dazugeschaltet – so lange, bis ein anderes Programm eingetastet wird.

Je nach Aufnahmedistanz wirkt der Blitz mehr oder weniger aufhellend und kann die natürliche Licht-Schatten-Wirkung bei allzu nahen Schnappschüssen in eine zu flache Frontalbeleuchtung verwandeln. Deshalb Blitzaufhellung im Freien nicht unter 1 m Abstand. Über andere Blitzeffekte später mehr.

Nochmaliger Druck auf die MODE- Taste: Blitzaufhellung mit Vorblitz. Diese Schaltung kommt im Tageslicht relativ selten in Betracht, weil bei hellem (Sonnen-) Licht ohnehin keine „roten Augen" zu befürchten sind.

Der nächstfolgende Tastendruck schaltet eine wichtige und interessante Betriebsart ein: „Slow Blitz ON" steht für automatisch gemessene Langzeitbelichtung, länger als 1/60 sec. Derartige Aufnahmen sind meist nicht mehr ganz verwacklungsfrei von Hand zu bewältigen, sondern erfordern schon bei 1/30 sec. eine ruhige Hand und darüber hinaus eine feste Unterlage.

Beispielsweise in der Dämmerung oder bei nächtlich beleuchteten Hintergrundszenen (mit Lichtreklamen, Schaufenstern, angestrahlten Gebäuden, Laternenlicht oder auch in Innenräumen) soll der Vordergrund – etwa Personen, Tiere, Gegenstände – nahe der Kamera mit zusätzlichem Blitz erhellt werden. Bei der „Slow Blitz ON"-Schaltung zündet nun der Blitz in die von der Kamera ermittelte Langzeitbelichtung abstandsgemäß hinein. Wir erhalten eine natürliche Abbildung der Umgebung mit gut belichtetem Vordergrund am Abend wie bei der Nacht.

Nun treffen wir aber auch auf Situationen, die eine automatische Blitzzuschaltung nicht zweckmäßig erscheinen lassen. Nicht nur, wenn Blitzen unerwünscht ist (im Museum, Theater etc.), auch bei Stimmungsbildern, die eine Originalbeleuchtung erfordern, und bei spärlicher natürlicher „fotogener" Lichtstimmung. Wenn unter solchen Umständen die Blitzautomatik die Lichtstimmung verflachen würde, kann man mit der manuellen Blitzabschaltung „Blitz OFF" eine malerische Bildwirkung erzielen. Erscheint unter diesen Bedingungen bei Druckpunktnahme im LCD-Feld eine längere Belichtungszeit über 1/30 sec., so ist eine feste Kameraunterlage bzw. ein Stativ nötig.

Schließlich noch die achte Betriebsart „B Blitz ON" für erhebliche Langzeitbelichtungen ohne kameraseitige Belichtungsmessung. Nachtaufnahmen erfordern häufig mehrere Sekunden oder gar minutenlange Belichtung, um sehr schwache Lichteinwirkungen – z.B. bei Hausfassaden im Laternenlicht – noch vom Film zu registrieren. Der Sekundentakt wird dabei im Datenfeld blinkend angezeigt, als Anhaltspunkt für eine anderweitig ermittelte Langzeitbelichtung für Belichtungstests. Die manuell am Funktionswähler eingestellte Blende ist nunmehr wirksam.

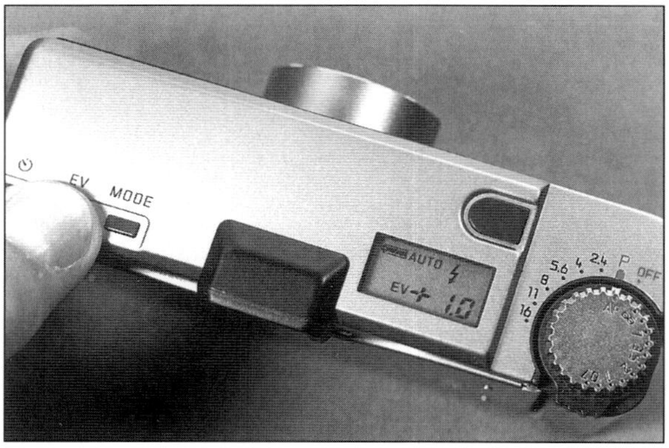

Mit der EV-Taste lassen sich die gewünschten Belichtungskorrekturen nach Plus oder Minus (Hell oder Dunkel) in halben Blendenschritten ausführen – bis sie gelöscht werden. Programmierung siehe Anleitung zur Kamera.

Die Abbildungen zeigen zwei unterschiedliche EV-Werte – ablesbar auf der LCD-Anzeige.

Belichtungskorrekturen mit der EV-Taste

Die EV-Taste (EV = „Exposure Value" = Belichtungswert) bewirkt eine Plus- oder Minuskorrektur der automatischen Lichtmessung. Bei normaler, nicht extrem kontrastreicher Beleuchtung mittelt die Kameraelektronik selbsttätig die gemessenen Lichtwerte aus. Bei dominant hellen Flächen – Schnee, weiße Hausfassaden, Sandstrand bei Sonne – wird als Ausgleich eine manchmal zu kurze Belichtung bzw. eine zu kleine Blende in das Kameraprogramm eingegeben. Das bedeutet im Resultat: Alle sehr hellen, stark reflektierenden größeren Bildteile werden prozentual zu dunkel abgebildet und verlieren – besonders im Dia – zuweilen an Leuchtkraft und strahlender Brillanz.

Durchschnittsmotive dagegen, mit einer gleichmäßigen Verteilung der Helligkeitswerte, steuert die Elektronik der Kamera auf einen Mittelwert, der dem Belichtungsspielraum der Filme entspricht. Wir können nun unsere *minilux* bereits vor einer Aufnahmeserie oder -sequenz beispielsweise auf „Hell" abstimmen, indem wir die EV-Taste auf der Kameraoberseite so lange gedrückt halten, bis auf dem Datenfeld die Ziffern „00" blinken. Nochmaliges kurzes Drücken der Taste schaltet dann den ersten Wert „+ 0,5" ein. Jede Belichtung wird nun um einen halben EV-Schritt (Blenden/Zeit-Wert) verlängert und die hellen Flächen des Motivs erscheinen später wirklich naturnahe.

Nach dem gleichen Prinzip – Drücken bis Blinken und wieder Drücken bis neuer Wert einspringt – wird die EV-Taste bis zum gewünschten Minus-Wert gedrückt. Die Minus-Korrektur ist erforderlich, wenn in umgekehrter Weise umfangreiche Dunkelflächen im Bild durch die automatische Belichtungskorrektur „versoßen" würden und deshalb weniger belichtet werden sollten, als die Automatik errechnet.

Nach dem angezeigten Wert „EV –2,0" springt die Anzeige wieder auf „EV – 00" und jede Korrektur der Belichtungsautomatik ist gelöscht. Die EV-Korrektur kann aber auch nach ihrer Einspeisung für den ganzen Film und alle weiteren, neu eingelegten Filme bestehen bleiben und wird auch beim Öffnen der Kamera

so lange nicht gelöscht, bis die Batterie (kurz) entnommen wird oder Löschung mit der EV-Taste erfolgt. Wenn wir beispielsweise bei unseren Belichtungstestfotos bemerken, daß unsere Dias etwas zu hell ausgefallen sind, so korrigieren wir alle weiteren Filme des getesteten Fabrikats und Typs mit der EV-Taste auf Minus-Werte entsprechender Stufung. Zur Kontrolle der eingespeicherten EV-Korrektur wird eine Sekunde die EV-Taste gedrückt – der Wert erscheint im Datenfeld. Die Kamera ist einschließlich Blitzzuschaltung für das betreffende Filmmaterial justiert.

Ein praktisches Beispiel der EV-Anwendung. Untere Abbildung: Eine Aufnahme im Zoo ohne EV-Korrektur. Der Weiher im Hintergrund flimmert etwas unruhig. Mit der Belichtungsverkürzung durch EV um einen Zeitenschritt erscheint das Gefieder im Gegenlicht in brillanter Plastik. Kodachrome 25 Diafilm.

Das Meßfeld im Sucher wurde vornehmlich auf den Hintergrund gerichtet. Die Schärfenzone zum Vordergrund konnte so nicht genutzt werden. Mit einem winzigen Servo-Blitz in der Hand, gegen die Zimmerdecke gerichtet, konnte die Blitzbeleuchtung etwas weicher gestimmt werden.

Blitztechnologie bei den minilux-Kameras

Die eingebaute miniaturisierte Blitzelektronik der *minilux*-Kameras hat bei (ISO 100) Filmempfindlichkeit eine Leitzahl 11. Mit einem Film dieser genannten Empfindlichkeit errechnet sich somit die Kapazität des Blitzes aus dem Produkt (11) von Entfernung und Blende.

Beispiel:
Bei Blende 5,6 reicht die wirksame Blitzleuchtkraft bis ca. 2 m Abstand von der Kamera zum Objekt (11 = 5,6 x 2). Das ist nicht sehr viel, jedoch für die mini-Dimension des eingebauten Blitzgeräts schon allerhand.

Meist haben wir die *minilux* mit höherempfindlichem Film geladen. Besonders in den lichtarmen Monaten des Jahres brauchen wir diese Filme, und damit bekommen wir schnell ganz andere Blitzabstände zum Objekt, beispielsweise bei ISO 200 schon bis 4 m und bei ISO 400 sogar schon 7 m, also die Blitzausleuchtung eines großen Innenraums. Die Blitzkapazität des kameraeigenen Blitzaggregats wird in den größeren Entfernungsbereichen natürlich voll ausgenutzt. Bei geringeren Entfernungen und Verwendung hochempfindlicher Filme jedoch kann das Blitzlicht in seiner Stärke auch automatisch beschnitten werden, um damit eine eventuelle Überbelichtung bei kleinen Abständen automatisch auszugleichen. Dazu dient das sogenannte „Flashmatic-System". Wie unsere Diagramme zeigen, funktioniert dieses Prinzip folgendermaßen: Man nutzt die Tatsache, daß alle mechanischen Kameraverschlüsse wesentlich langsamer ablaufen als die elektronische Leuchtdauer einer Blitzröhre. Während die Verschlußdauer (Öffnung) bei Automatikschaltung grundsätzlich auf 1/60 sec. einstellt, behält der Blitz seine 1/800 sec. stets konstant bei. Die Blitzelektronik nutzt nunmehr diese Differenz zwischen Verschlußablauf und Blitzleuchtzeit aus, indem sie entfernungsabhängig den schnellen Blitz in die relativ „träge" Verschlußöffnungszeit verlegt und sodann bei gemessenen oder manuell eingestellten kürzeren Entfernungen nur einen Teil der gesamten Blitzkapazität tatsächlich ausnutzt.

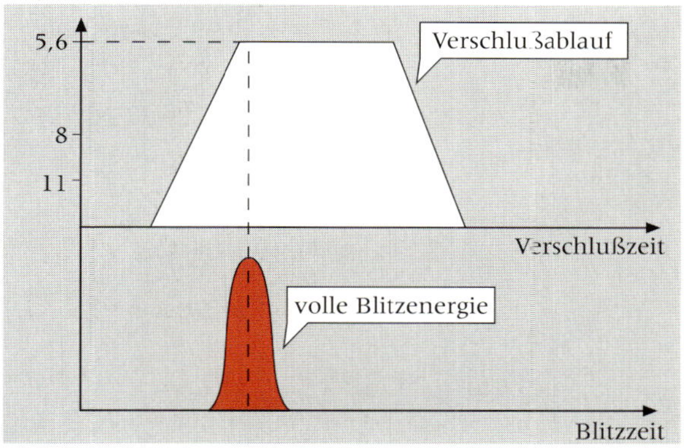

Die Funktion des „Flashmatic-Systems“:
Wenn die Programmautomatik eine größere Blende für die Blitzbeleuchtung errechnet, fällt die steile Blitzkurve in die maximale Verschlußöffnung.

Ist die errechnete Blende für den Blitz größer als die errechnete Motivblende, wird der Blitz vor der vollen Verschlußöffnung gezündet.

Bei Aufnahmen im Nahbereich kann die errechnete Programmblende für den Blitz auch kleiner sein als 22. In diesem Fall wird die Blitzdauer auch noch elektronisch reduziert.

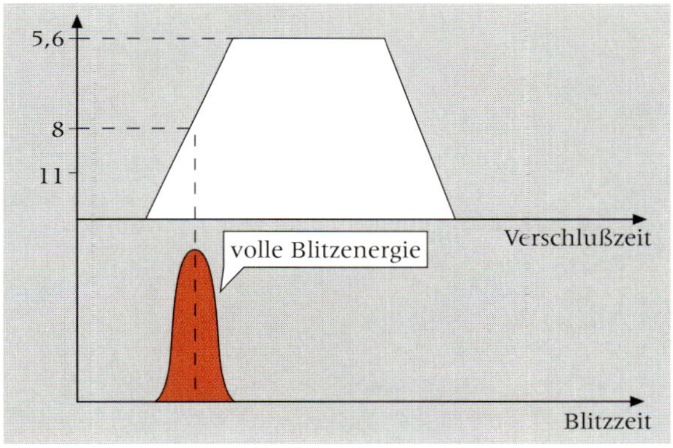

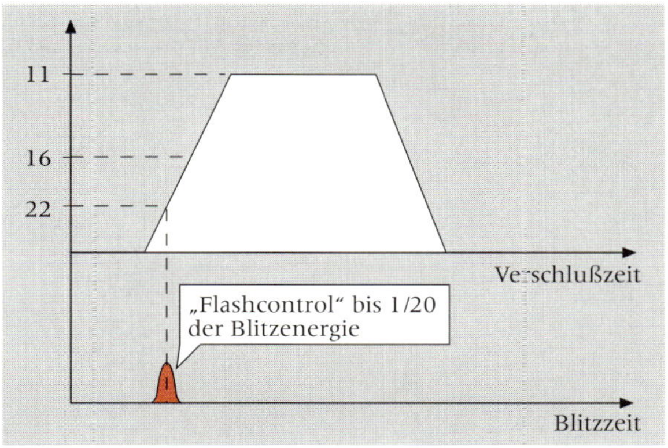

Damit werden Überbelichtungen im Nahbereich vermieden. Ein zusätzlicher Vorteil ist der „Blendeneffekt“. Der bei Blitzauslösung manchmal noch nicht voll geöffnete Kameraverschluß wirkt dabei optisch wie eine Blende und vergrößert im Nahbereich zwangsläufig die Schärfentiefe. Das kann gerade bei geringen Aufnahmeentfernungen nur erwünscht sein, weil dort ohnehin geringere Schärfentiefe vorherrscht. Bei größeren Aufnahmeentfernungen, wenn der Blitz in die volle Verschlußöffnung einwirkt, nutzen wir zwangsläufig die elektronisch errechnete Objektiv-Irisblende mit ihrer Schärfentiefe.

Schalten wir dagegen mit der MODE-Taste auf „Blitz ON“, so fällt der Blitz entweder in die volle Verschlußöffnung oder je nach eingegebener Fokussierung in den entsprechenden Teilabschnitt der Verschlußkurve. Auch bei Betriebsart „SLOW Blitz ON“ wird die Blitzkapazität auf den gemessenen Vordergrund (Vordergrundobjekt) abgestimmt, während die Belichtungszeit des Verschlusses automatisch das Umfeld berücksichtigt. Wenn die Blitzkapazität nicht ausreichen sollte, blinkt stets die rote LED-Bereitschaftsdiode neben dem Sucherokular.

Die rote Signallampe des *minilux*-Selbstauslösers. Nach 9 sec. Blinken leuchtet die Lampe 1 sec. konstant und aktiviert nunmehr die automatische Belichtungsmessung sowie die Infrarot-Fokussierung. Sofort danach erfolgt die Auslösung des Kameraverschlusses. Wenn die kleine Signallampe der Kamera bei größerem Abstand und hellem Licht nicht gut zu erkennen ist, wird auf „Blitz ON" geschaltet. Der Blitz signalisiert dann die erfolgte Belichtung.

Was man mit dem kameraeigenen und mit weiteren externen Blitzleuchten außerdem noch anstellen kann, davon mehr iin dem Teil des Buches über die fotografische Gestaltung eben auch mit Blitz. Hinweise auf die *minilux zoom*-Kamera und ihre besonderen Funktionen diesbezüglich erfährt der Leser im speziellen Kapitel zu dieser Kamera.

Bei wichtigen Gelegenheiten, die so bald nicht wieder vor unser Objektiv kommen, sollten in einer schnellen Schußfolge alle fotografischen und bildmäßigen Möglichkeiten ausgelotet und angewendet werden: Eben auch die Frage, ob das vorhandene Licht für die Bildwirkung besser ist, oder ob eine mehr oder weniger gedämpfte Blitzaufhellung zu starke Helligkeitskontraste mildern könnte. Selbst erfahrene Fotografen haben da Probleme mit der Beurteilung der späteren Bildwirkung. Sie machen bei wichtigen Porträtstudien oft mit kurzen Sequenzen verschiedene Lichtvarianten. Mit der *minilux* bedeutet dies während einer solchen Bildfolge ein ständiges Umschalten von Universalbetrieb auf „Blitz ON" und zurück. Aber nur so erzielen wir Varianten mit und ohne Blitzaufhellung. Wenn die rote Leuchtdiode neben dem Sucher blinkt, ist der Blitz noch nicht aufgeladen und damit der Auslöser automatisch gesperrt.

Mit oder ohne Selbstauslöser?

Es gibt berühmte Fotos, klassische Bildserien, die ihre Existenz nur einigen, scheinbar unwichtigen Kameraelementen oder -zubehörteilen verdanken. Das gilt auch für den Selbstauslöser.

Das typische Beispiel für den Selbstauslöser: Der Bildautor möchte hier und da selbst mit auf dem Bild sein. Bei Erinnerungsaufnahmen von Familienfesten, Feiern in der Firma oder mit Reisegruppen ist der Selbstauslöser oft der einzige Helfer. Dennoch gibt es für das Vorlaufwerk noch einige andere wichtige Funktionen. Die erschütterungsfreie Langzeitbelichtung, etwa auf einer behelfsmäßigen Unterlage für die Kamera, – zwar mit Stativ – ohne Kabelauslöser. In der „Praxis" lernen wir

in diesem Buch später noch einige weitere Gelegenheiten für die Selbstauslösertechnik kennen. Haben wir die Selbstauslösertaste gedrückt, so läuft die Vorlaufzeit zehn Sekunden bis zur Verschlußauslösung. Während dieser Zeitspanne leuchtet die rote Signalleuchte an der Kamerafrontseite zunächst konstant. Nach sieben Sekunden signalisiert sie durch zwei Sekunden Blinken erhöhte Aufmerksamkeit, um sodann mit einer Sekunde Dauerlicht die Auslösung anzuzeigen. Man sollte als Fotograf die Beteiligten vorher auf diesen Leuchtdioden-Rhythmus aufmerksam machen. Die verbleibenden Sekunden des Vorlaufs werden übrigens auch im Datenfeld angezeigt. Eine interessante technische Variante ist bei Autofokus-Betrieb die Ermittlung der Entfernung bis kurz vor der Auslösung. Damit werden bis zuletzt Entfernungsveränderungen, z. B. bei der Umgruppierung von Personen, noch korrigiert. Während der Vorlaufzeit kann der Selbstauslöser jederzeit durch einfachen Tastendruck unterbrochen werden. Somit ersetzt der Selbstauslöser bei Zeitbelichtung häufig den Kabelauslöser.

Die Vorlaufzeit des Selbstauslösers gibt dem Fotografen genügend Zeit, um seine Position zu Fuß oder eventuell auch schwimmend einzunehmen.

Zum Kabelauslöser gehört das winzige Leica-Ministativ mit seinen vielen Möglichkeiten. Das *minilux*-Ministativ ist eine besonders intelligente Lösung des platzsparenden Stativproblems. Wie wir auf Seite 44 erfahren, paßt es bequem in eine zweite Kameratasche mit anderen Kleinutensilien. Bei einem hohen Prozentsatz erforderlicher Stativaufnahmen findet sich eine Aufstellung in Augenhöhe oder auch etwas darunter.

Für Zeitaufnahmen ab 1/30 sec. (grüne Diode blinkt) sollte – wenn vorhanden – der Kabelauslöser zur *minilux* verwendet werden. Ein Ersatz ist die Belichtung über Selbstauslöser. Diese Abbildung zeigt die *minilux* (rückseitig) mit angesetztem Datenrückteil.

Der Kabelauslöser

Die Leica *minilux* hat statt Drahtauslöser-Gewinde eine Buchse für elektrische Kabelauslöser. Vom Hersteller wird ein ca. 30 cm langes Kabel mit Buchse und Auslöseknopf angeboten. Wer längere Auslösekabel braucht, kann sich diese im Fotohandel (Hama) beschaffen oder selbst das Kabel verlängern. Beispielsweise kann sich der Fotograf bei dieser oder jener Tätigkeit ohne Assistent(in) als Selbstporträt oder Selbst-Schnappschuß im Foto festhalten. Auch darüber mehr im Praxis-Teil.

Das minilux-Datenrückteil

In dieser technischen Kameraanalyse soll zunächst nur darauf hingewiesen werden, daß die Kamerarückwand zum Anbringen einer quarzgesteuerten Datenrückwand ausgeklinkt werden kann. Dieses Zubehörteil läßt sich entweder auf Datum (Jahr/Monat/Tag) oder auf Tag (Stunden/Minuten) programmieren. Die Lichtintensität wird durch die DX-Codierung des eingelegten Films gesteuert. Die Datenschaltung für die jeweilige Aufnahme ist auf der Rückseite der Datenrückwand abzulesen. Die Gebrauchsanleitung zur Kamera vermittelt ausführlich die Programmierung der Datenrückwand.

Über die praktische Nutzung dieser Dokumentationshilfe wird noch z. B. im Kapitel „Praxis" zu berichten sein.

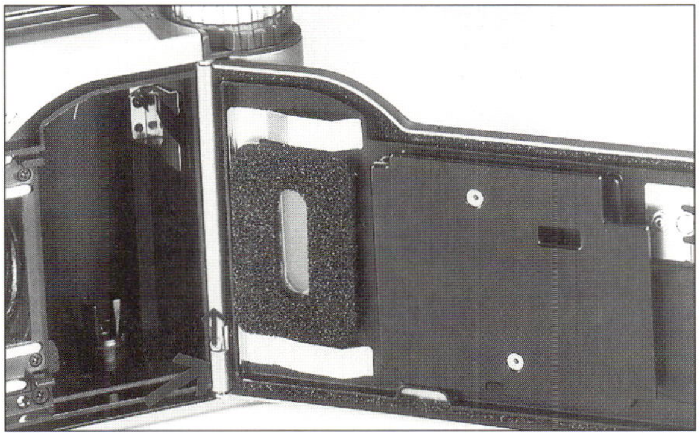

Bild oben:
Ein Urlaubsschnappschuß der Hotelterasse. Lichtmessung auf die hellen Bildteile und Druckpunkt ergibt einen tiefdunklen beschatteten Vordergrund ohne Überbelichtung der besonnten Terrasse. Außerdem bekommen wir ein großes Feld für die Datumseinblendung.

Bild unten:
So wird das Datenrückteil gegen das übliche Kamerarückteil ausgetauscht. Allerdings müssen wir nun damit einen ganzen Film belichten, wenn wir ihn nicht vorher teilbelichtet entnehmen (siehe Seite 130).

Im Theater – bei leisen Szenen – könnte das Geräusch des Fokussier-Motors stören. Deshalb wird hier die manuelle Einstellung empfohlen.

Kodak Royal Gold 400 Color-Negativfilm, natürlich ohne Blitzzuschaltung, in der *minilux.* Aufnahme mit Panoramaeinsatz (Bregenzer Festspiele).

Panorama-Adapter

Der Panorama-Adapter wird in das Filmfenster der Kamera eingelegt und reduziert das Kleinbildformat in der Höhe auf 12 x 36 mm. Bei langgestreckten Landschaften und bei Hochformat auch von hohen Gebäuden oder breit aufgebauten Gruppenfotos erübrigt sich später – vor allem beim Dia – die schwarze Abdeckung und damit das lästige Abkleben des Dia-Formats bei der Rahmung. Allerdings muß damit ein ganzer (Kurz-) Film belichtet werden. Abhilfe siehe Seite 130.

Korrektionslinsen

Die *minilux* wäre keine Leica, wenn sie dem Benutzer nicht allen optischen Komfort bieten würde, der oftmals über die Qualität der Aufnahmen entscheidet. Die optische Brillanz und Wiedergabe des Suchers wird bei Brillenträgern häufig beeinträchtigt, wenn ohne Brille fotografiert werden soll. Die beiden Korrektionslinsen (1 Dioptrie plus oder 1 Dioptrie minus) lassen alle Details im Sucher schärfer erkennen, wenn ohne Brille visiert wird.

Die Kameratasche

Mit ihrer Schlaufe bietet die Kameratasche die Möglichkeit, bequem am Gürtel getragen zu werden. Als Zweittasche dient der kleine Lederbeutel auch zur Unterbringung eines kleinen Zubehörs: Ministativ, Kabelauslöser und Ersatzfilm oder Leica-Blitzgerät. Im übrigen gibt es Bereitschaftstaschen für beide Kameramodelle.

Im Diafilm sind die Bildlängsseiten durch den Panoramaeinsatz exakt schwarz abgedeckt und es erübrigt sich ein schwieriges Abkleben des Bildformats.

Oft vergessen wir den Panoramaeinsatz auch im Hochformat zu verwenden.
In der Projektion ergeben sich ebensolche Effekte wie im Breitwandstrahlbild. Nur sollten Quer- und Hochformataufnahmen beim Vorführen niemals direkt aufeinander folgen, sondern mit „Normal"-Format-Dias unterbrochen werden.
Aufnahme: Dr. C. Dopfer, 40 mm.

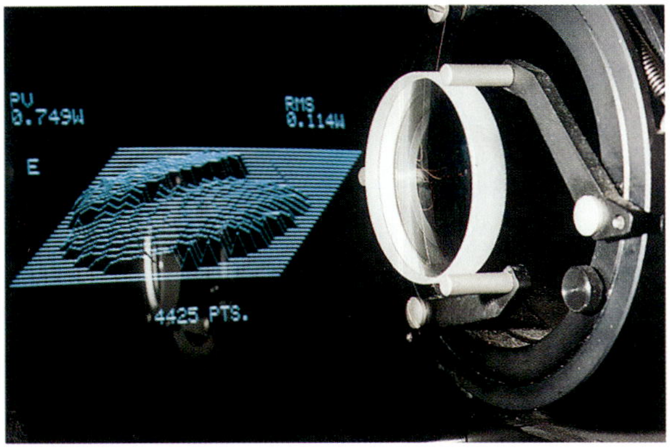

Die Berechnung der Krümmungsradien aller optischen Gläser erfolgt elektronisch mit Computer-Einsatz. Die verschiedenen Brechungskoeffizienten der Glasschmelzen werden dabei für die Konstruktion und Kombination genutzt. Die Kontrollen der Leica-Objektive beziehen sich nicht auf Stichproben, sondern erfolgen Stück für Stück.

Einige optische Begriffe

So wenig wie möglich Theorie. Die Vollautomatik der meisten Kompaktkameras bringt es mit sich, daß die Grundgesetze der Optik in weiten Kreisen überhaupt nicht geläufig sind geschweige denn bewußt angewendet werden. „Sie knipsen – alles andere machen wir!“ Dieser immer wieder zitierte Foto- und Laborslogan hat das Fotografieren mitunter zu einem oberflächlichen Massensport erniedrigt, der letztlich auf das farbenprächtige Urlaubsfoto hinausläuft. Leica *minilux*-Kameras jedoch betrachten sich als eine gewisse Herausforderung für Menschen mit etwas höheren Ansprüchen. Deshalb sei an dieser Stelle ein Optik-Kurzkurs eingeschaltet. Wem die Grundgesetze bekannt sind, darf weiterblättern.

Die Brennweite

Wenn man bei Sonnenschein ein Brennglas in Richtung Sonne auf ein Stück Papier hält, so wird, bei richtigem Abstand, auf der Papierfläche bald ein brauner Fleck entstehen. Die verkleinert abgebildete Sonne entzündet das Papier. Jede Konvexlinse, jedes Fotoobjektiv im besonderen Maße, weist diesen ihm eigentlichen Brennpunkt auf. „Brennweite“ wird der Abstand des Brennpunktes bei Unendlich zur Auffangebene (Film) genannt. Das *Summarit* der *minilux* hat eine Brennweite von 40 mm bei einem Bildwinkel über die Längsseite des Kleinbildformats von ca. 50°. Weil damit ein weites Umfeld abgebildet wird, spricht man von einem (leichten) Weitwinkel-Objektiv. Objektive mit kleinerem Bildwinkel nennt man „mittlere“ oder „lange“ Brennweiten oder (konstruktionsbedingt) auch Teleobjektive.

Das sogenannte „Zoom“-Objektiv der *minilux zoom* dagegen ermöglicht eine kontinuierliche Veränderung der Brennweite. Die Rechnung derartiger *Vario*-Objektive erfordert komplizierte (elektronische) Rechenmethoden und eine höhere Anzahl von Linsen und optischer Glieder als sogenannte „Festbrennweiten“. Wie wir im Kapitel über die *minilux zoom* erfahren werden, beeinflußt die veränderbare Brennweite unter gewissen Umständen durch Änderung der Aufnahmedistanz auch die Perspektive.

Die Funktion der Blende

Die Objektive aller besseren Kameras – natürlich auch der Leica *minilux*-Modelle – sind mit einer Irisblende aus mehreren Lamellen ausgestattet. Je größer die Anzahl dieser dünnen Metall-Lamellen ist, desto kreisförmiger bildet sich die veränderliche Blendenöffnung ab, desto optisch exakter ist die Wirkung der Blende auf das Bildresultat. Einfache Kameras haben nur eine sogenannte „Lochblende“ mit zwei oder drei verschiedenen Durchmessern, manchmal auch zwei sich verschiebende Schlitzsegmente, welche bei Abblendung eine mehr oder weniger rechteckige, optisch nachteilige Objektivöffnung ergeben. Die automatisch gesteuerte *minilux*-Blende dagegen ermöglicht die optimale Feinabstimmung auch bei Zwischenwerten. Am Funktionswähler sind für manuelle Einstellungen die vollen Blendenstufen eingraviert: 2,4 – 4 – 5,6 – 8 – 11 – 16.

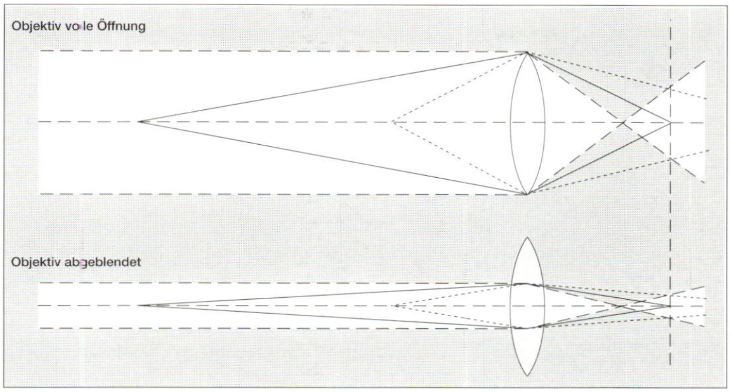

Die schematische Abbildung zeigt demonstrativ, wie durch Abblendung die Schärfentiefe vergrößert wird. Schema entnommen aus dem Buch „Leica M“ von Günter Osterloh, Umschau Buchverlag, 1996.

Diese auf den ersten Blick verwirrenden Zahlen sind jedoch Bezugsziffern zum Öffnungswert „1“ eines Objektivs. Die Bezeichnung „f/1 : 1,0“ zum Beispiel kennzeichnet die Durchlässigkeit des Lichts in voller Intensität auf den Film. Objektive mit dieser Lichtstärke 1 : 1 sind sehr aufwendig in Rechnung und Konstruktion und für die Praxis nur selten nutzbar, weil sie bei voller Öffnung eine nur geringe Schärfentiefe ergeben. Die Öffnung ist stets abhängig von der Brennweite. Bei einem 1 : 1-Objektiv ist also der Öffnungsdurchmesser gleich der Brennweite (z.B. 50 mm).

Erst bei einer etwas geringeren Anfangsöffnung wird ein Objektiv für die allgemeine Praxis interessant. Die sogenannten „Nachtobjektive“ von Leica mit den sehr hohen Öffnungen von 1 : 1,4 sind für professionelle Reportagen ohne Blitz und mit höchstempfindlichen „Presse“-Filmen bei allen schwierigen Situationen unerläßlich – exakte Fokussierung vorausgesetzt.

Die Blendenreihe erstreckt sich weiter über 1 : 2, 1 : 2,4 usw., wobei wir bei der Öffnung unseres *minilux-Summarits* angelangt sind. Bei der *minilux zoom* mit *Vario-Elmar* liegt die Weitwinkelöffnung bei 1 : 3,5. Die Reihe der Blendenzahlen ergibt sich aus den mathematisch-optischen Relationen, die jeweils die aufgenommene Lichtmenge physikalisch genau halbieren und sich damit den wiederum sich in der Empfindlichkeit halbierenden Film-ISO/ASA-Werten anpassen. Damit haben wir beim Fotografieren eine sinnvolle Handhabe aller Funktionen. Die Verschlußzeiten in Sekundenbruchteilen halbieren sich ebenso exakt.

Die Schärfentiefe reißt natürlich niemals schlagartig ab, sondern ist fließend zu denken. Die in den Tabellen angegebene Schärfentiefe ist als Entfernungsspanne zu verstehen, innerhalb derer die Bilddetails noch optisch vertretbar sind und feinere Einzelheiten auflösen. Sie entspricht in etwa der Abbildungsschärfe eines Objektivs bei voller Öffnung von einer definierten Objektfläche.

Beispiel:
Die Filmempfindlichkeit von ISO 100 entspricht mit ihrem Sprung zum nächsten Wert ISO 200 genau einem Blenden-Schritt etwa von 1:5,6 zu 1:8 oder von 1/60 sec. auf 1/125 sec. Diese Werte sind international genormt, so daß hier keinerlei Probleme oder Rechenaufgaben entstehen. Wie bereits weiter vorn demonstriert wurde, reguliert die Blende die Schärfentiefe durch Einengung des Strahlenbündels. Die Schärfentiefe ist entfernungsabhängig. Aus der Schärfentiefentabelle (in der Anleitung) geht diese Relation deutlich hervor. Bei einer Fokussierung des Objektivs auf 3,5 m beträgt beispielsweise die Schärfentiefe bei Blende 8 bereits ca. 6 m.

Bis ein Bild der Wirklichkeit vom Objekt auf der Filmebene exakt wiedergegeben wird, müssen weitere optische Kriterien erfüllt werden. Wir können sie hier nur kurz erwähnen. Die physikalisch bedingten optischen Fehler entstehen durch das Zusammenwirken von Licht und dem Medium „Glas".

Durch moderne Verfahren, angefangen bei der Rohglasherstellung bis zu den computergesteuerten Rechenmethoden und neuartiger Linsenschleiftechnik ist der Optiker und Objektivkonstrukteur heute in der Lage, die im Objektiv und in seinen Linsensystemen auftretenden optischen Fehler bis auf winzige Reste zu beseitigen. Als Laie ist man immer wieder erstaunt, wieviele Fehler in einem Objektiv eliminiert werden müssen. Drei grundsätzliche Gruppen von Abbildungsfehlern werden unterschieden:

- Verzeichnung und Vignettierung,
- Auflösung, Schärfe, minderer Kontrast,
- chromatische (Farb-) Fehler.

Diese unterschiedlichen optischen Beeinträchtigungen der Abbildung treten außerdem verstärkt in den Grenzbereichen der Entfernungs- und Blendeneinstellungen des jeweiligen Objektivs auf. Beispielsweise kann ein Objektiv bei mittleren Entfernungen zwischen 5 m und 30 m Abstand des Motivs hervorragende Schärfe erbringen, jedoch bei geringeren und größeren Entfernungen etwas abfallen.

Die Leica-Objektive – nicht nur der *minilux*-Kameras – weisen eine sehr gleichmäßige Leistung in allen Bereichen auf. Verzeichnungen in den Randgebieten des Formats, beispielsweise bei geometrisch exakten Konturen (Architekturkanten), können sich vornehmlich bei Weitwinkelobjektiven als sogenannte „tonnenförmige Verzeichnungen" oder auch als „kissenförmige" Deformierungen zeigen. Diese werden bei allen Leica-Objektiven ebenso sorgfältig beseitigt wie etwa mechanisch bedingte Vignettierungen seitlich abfallender Lichtstrahlen, bedingt durch die Objektivfassung.

Die Bildschärfe wird weiterhin beeinflußt durch die nicht exakte Wiedergabe eines geometrischen Punktes auf der Filmebene durch seine verzerrte Abbildung. Da man die Filmebene nicht sphärisch wölben kann, muß diesem Phänomen durch anastigmatische Objektivsysteme begegnet werden. Ein besonders aufwendiges Linsenschleifverfahren ermöglicht neuerdings die dafür idealen asphärischen Linsenelemente im Objektiv. Sie fungieren oft auch unter der Bezeichnung „Apo-Systeme". Wir können nur auf die wichtigsten konstruktiven Eigenschaften eines Objektivs eingehen.

Aber eine besondere Technologie zur Vermeidung chromatischer Fehler sei noch erwähnt: Mit der Herstellung hochbrechender Glassorten durch Einmischen sogenannter „seltener Erden" in die Glasmassen (Lanthan-Krone und anderes) konnten Objektive gerechnet werden, welche die berüchtigten „Farbortfehler", d.h. geringe Farbsäume in den Randgebieten, durch unterschiedliche Brennpunkte verschiedener Wellenlängen vermeiden. Derart korrigierte Objektive mit entsprechenden Linsenkombinationen heißen „Achromate". Extreme Weitwinkel- und Teleobjektive geben dem Konstrukteur besondere Probleme auf, die in den mittleren Bereichen unserer *minilux*-Objektive nicht in Betracht kommen.

Wir können davon ausgehen, daß in unserer *minilux* eine optimale Relation zwischen effektiver Wiedergabe und sinnvoller Preisgestaltung verwirklicht worden ist.

Einstieg in die Praxis

Dieses Buch wurde als Foto-Lese-Buch konzipiert. Das will heißen, wie wichtig dem Autor demonstrative Illustrationen sind. Es kommt ihm dabei weniger auf meisterhafte Kompositionen an als vielmehr auf den deutlichen und verständlichen *Lehr*-Charakter der Bilder und ihrer zugehörigen Bildlegenden.

Automatik ersetzt nicht Intelligenz.

Diese Erkenntnis gilt für Autos, Küchenherde und auch für Kameras. Die Handhabung der Kameras wird zwar hier und da erwähnt, aber man erwarte nicht eine Wiederholung der Gebrauchsanleitung.

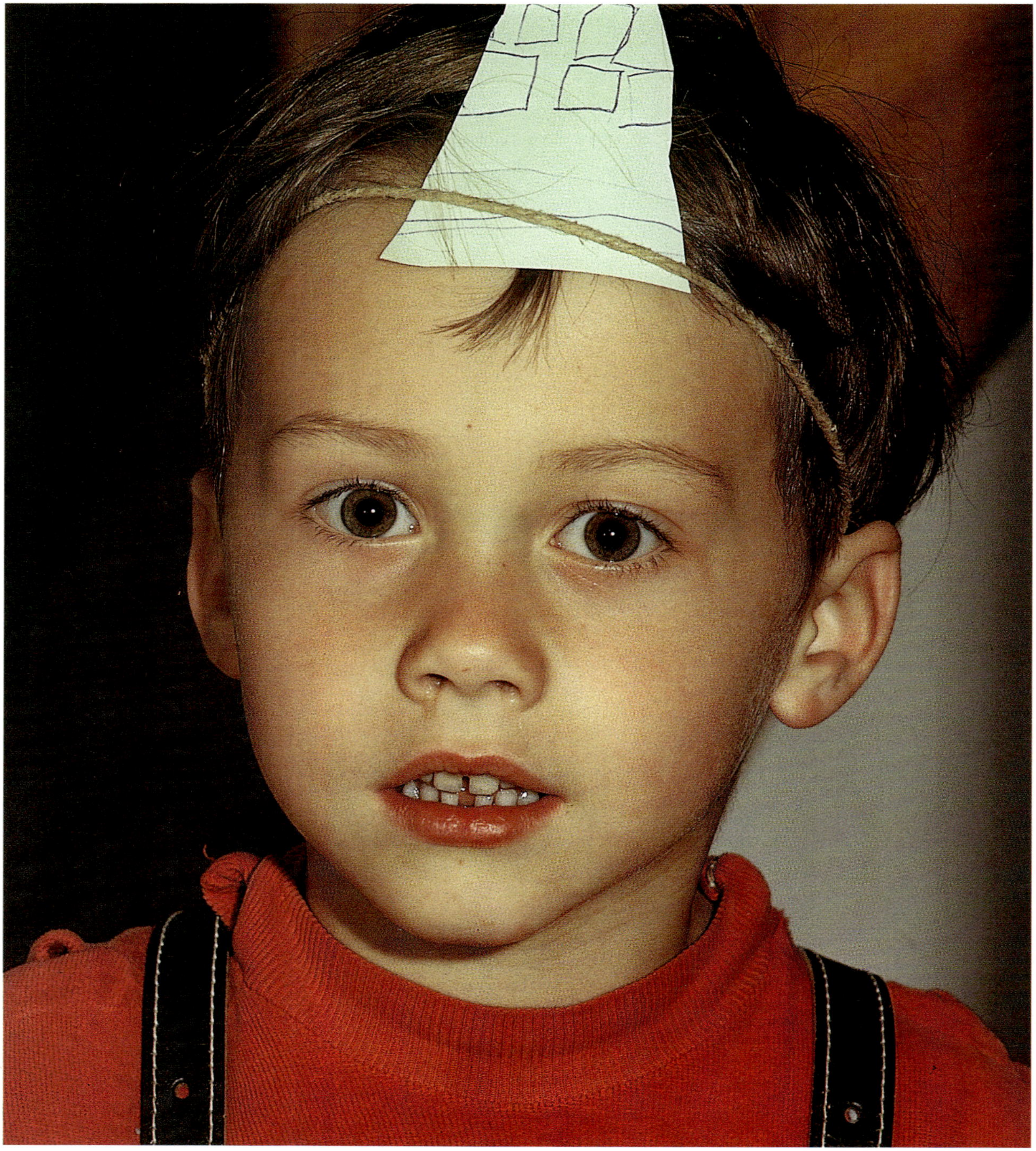

Einstieg in die Praxis

Frontalblitz aus der Nähe – und trotzdem keine „roten Augen"? Mit drei Faktoren wurde der häßliche Fehler vermieden:
a) Doppelblitz-Schaltung,
b) helle, frontale Raumbeleuchtung,
c) Hochformat.

Bei weiterem Aufnahmeabstand erscheint häufiger die Abbildung der Retina und damit der „Rot-Effekt", weil dann der Kamerablitz sich der optischen Achse nähert.
Brennweite 40 mm, Abstand 75 cm, Kodachrome 25 Diafilm.

Für jeden Anspruch, für alle Bedürfnisse gibt es heute die geeignete Kamera. Wer die zur Zeit möglichen Spitzenleistungen von seiner fotografischen Ausrüstung fordert oder fordern muß – wie etwa Berufsfotografen oder aktuelle (Sport-) Reporter –, wird nicht um eine professionelle fotografische Ausrüstung herumkommen und in ein derartiges umfangreiches Instrumentarium entsprechend investieren müssen.

Wer andererseits mit albumreifen Schnappschüssen persönlicher Art zufrieden ist, dem bietet sich im Kompaktkamera-Bereich eine fast unübersehbare Modellvielfalt aller mittleren Preisklassen an: Kameras mit Fixfokus-Objektiven, einfacher Zoom-Ausstattung und mit besseren Objektiven, die sogar für Diafotografie benutzt werden können.

Die große Palette kameratechnischer und optischer Leistung und Ausstattung schlägt sich jeweils im Preis nieder. Auch LEICA bietet im „Konzert" der etwas höheren Preisklassen einige interessante Modelle an, die optisch schon über dem Durchschnitt liegen – und ist daher bereits auf dem Mittelklassen-Sektor eine Länge voraus. Die *minilux* und ihre brandneue Schwester *minilux zoom* sind hier jedoch hochgradige Außenseiter. In Leistung und Preis liegen beide LEICA-Modelle genau zwischen dem erwähnten großen Feld der Kompaktkameras und den vielfach erträumten Spitzenprodukten, z.B. der LEICA-M-Klasse mit ihren Wechselobjektiven in optimalen Festbrennweiten, Formateinspiegelungen und Lichtinnenmessung.

Je nachdem, ob die Entscheidung für das eine oder andere *minilux*-Modell gefallen ist, möchte man sich gern bestätigt fühlen: Es war die richtige Ent-

Nur wer die Kamera immer dabei hat, versäumt niemals solche seltenen Gelegenheiten, z. B. einstrahlende Herbstsonne. Unter den nicht geschossenen Aufnahmen wäre manches „meisterhafte Foto“ dabei. Die *minilux* als ständige Begleiterin ist Sache der Gewohnheit.

scheidung („Ich brauche kein Zoom-Objektiv“ oder „Ich muß eines haben“). Die bisherigen Informationen dieses Ratgebers sollten schon verdeutlicht haben, welche Leistungen man von der *minilux* erwarten kann. In vielen Bereichen erfüllt sie alle – auch manche professionellen – Wünsche. Aber erst die Praxis mit dieser Kamera wird es erweisen.

Was bedeutet der Begriff „Praxis“? Wenn ein Laie in das Cockpit eines Passagierflugzeugs gesetzt wird und starten soll, so wird er bei aller Intelligenz jämmerlich versagen. Ihm fehlt nicht nur die Kenntnis der technischen Zusammenhänge, sondern auch die Praxis eines erfahrenen Piloten.

Wir können wohl annehmen, daß jemand, der sich eine Leica anschafft, nicht ganz unerfahren ist und sicherlich schon einige Erfolge (und Mißerfolge) mit anderen Kameras hinter sich hat. Als Kriterium für die *minilux*-Anschaffung dürfte gelten: Weniger technische Probleme – gleichzeitig bessere Resultate! Und als Zugabe mehr Freiheit bei der Bildgestaltung. Das Flugzeug-Cockpit als Vergleich will sagen, ein hochtechnisches Gerät mit weitgehender elektronischer Computerunterstützung (z.B. Auto-Pilot) vermag dennoch den Menschen am Steuerknüppel nicht zu ersetzen, wie leider immer wieder aus – teilweise tragischen – Erfahrungen hervorgeht.

Auch die Konstrukteure einer Kamera haben stets den fotografierenden Menschen im Auge, seine Freude am kultivierten schönen Fotosport. Sie wollen ihm einerseits alle Konzentration auf technische Vorgänge abnehmen, ihm den Kopf frei halten für gelungene Schnappschüsse; andererseits wollen sie ihm aber auch die Freiheit der persönlichen Bildgestaltung voll und ganz erhalten. Die Entscheidung über gute, bessere und beste Fotos liegt beim Meister und seinem Werkzeug.

Die Bedeutung der Persönlichkeit *hinter* der Kamera erlebt man hautnah, wenn etwa in einem gemeinschaftlichen Fotokurs alle Teilnehmer ihre Fotos vorlegen. Dabei stellt sich heraus, wie verschiedenartig sich die einzelnen Temperamente vor gleichen Motiven mit ihrer Kamera artikulieren.

Man hat bekanntlich schon einmal im Zoo einem Schimpansen eine Billigkamera „in die Hand gedrückt“ und ihn damit knipsen lassen. Sogar recht amüsant waren seine Schnappschüsse, wenn sie gelegentlich die andere Seite des Käfigs „Menschen hinter Gittern“ zeigten. Doch die Willkür des vom Affen geistlos geknipsten Augenblicks demonstrierte deutlich: gedankenlose Ablichtungen. Der intelligente, kreativ denkende Fotograf wird vielmehr die Situation erkennen, den richtigen Moment im geeigneten Bildausschnitt, vom ausgesuchten Standpunkt aus bei günstigem Licht erfassen, oder sogar nach einer vorherigen Idee fotografieren. Hier nun beginnt der Einstieg in die systematische Praxis.

Dazu ein bewährter Vorschlag für beide *minilux*-Modelle: Zunächst ein sogenannter „Trockenkurs“ mit ungeladener Kamera. Diese Übungen sind übertragbar auf die *minilux zoom*. Man hat dabei zwar

Vor der Schaukel finden wir einen kontinuierlichen Bewegungsrhythmus mit laufender Distanzänderung. Dafür wäre selbst die Fokussier-Automatik der *minilux* zu träge. Deshalb: manuelle Einstellung, z.B. auf 1 m, und sodann auf diesen wiederkehrenden Punkt der Bewegung einschießen. Eine kleine Bildfolge sichert uns den besten Schnappschuß. *minilux 40 mm*, Kodachrome 64 Diafilm ohne Blitzzuschaltung.

noch keine realen Bildergebnisse auf dem Tisch, dafür aber wird man viel lockerer und vertrauter im Umgang mit seinem Werkzeug. Die Filmempfindlichkeit der Kameraelektronik stellt übrigens ohne eingelegte Filmpatrone – also ohne DX-Filmcode – automatisch auf ISO 100 ein.

Jeder Sportler bedarf des ständigen Trainings am Sportgerät, an jedem Sportgerät, ob am Barren, im Ruderboot oder mit dem Ball. Unser „Sportgerät" ist die Kamera, insbesondere die *minilux*. Ist es da absurd, für die souveräne Nutzung ihrer Möglichkeiten ein sportähnliches Pensum bzw. geeignete „Trockenübungen" ohne Film zu empfehlen?

Training ohne Filmverbrauch kann öfter wiederholt werden, bis wir die Handhabung wortwörtlich in den Griff bekommen, bis jeder Handgriff sitzt. Später kommt das den Fotos tausendmal zugute. Der Autor spricht hier aus eigener Leica-Erfahrung, nicht nur mit seiner *minilux* ...

Unser Training mit leerer Kamera nennen wir nunmehr sinnvoll *Simultan-Übungen*. Wir simulieren bestimmte Situationen, wie sie beim Fotografieren immer wieder vorkommen und reagieren entsprechend darauf, bis uns jeder Handgriff in Fleisch und Blut übergegangen ist – wie bei einem Flugzeug-Piloten im Simulator.

Die Bildfolge – wie im Text beschrieben – nochmals stichwortartig: Nach dem Einschalten der Kamera vor dem Motiv Auslöser antippen. Die gemessene Blenden-Zeit-Kombination blinkt wechselweise im Feld. Die grüne konstant leuchtende Diode signalisiert Schußbereitschaft.

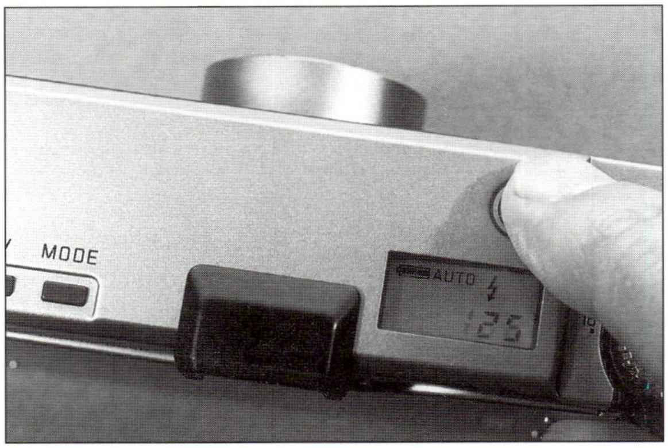

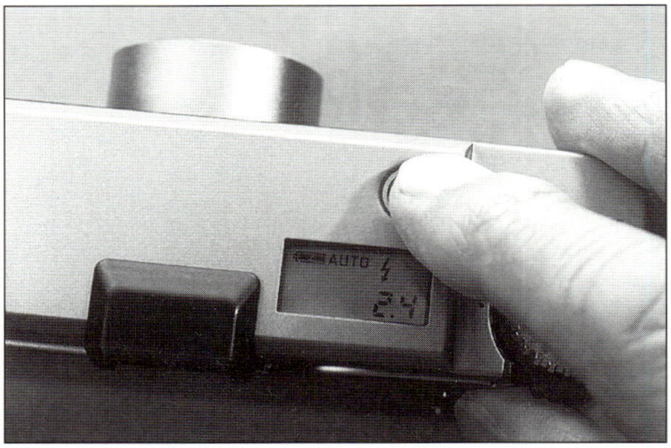

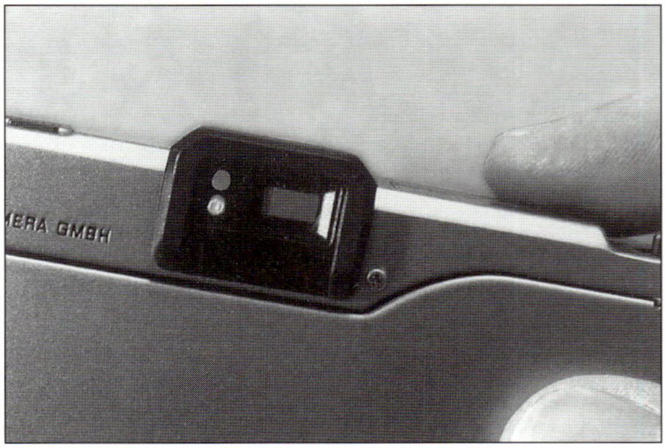

Simultan-Übungen mit der *minilux*

Simultan-Übung I

Im Zimmer, am Fenster

Funktionswähler einschalten, weißer Index auf „P" (Universalbetrieb). Im LCD-Datenfeld erscheinen der Schriftzug „Auto", das Blitzsymbol und die bereits belichteten Aufnahmen, ferner (konstant) der Batteriezustand (volles Batteriesymbol). Diese Information übersehen wir bald mit einem einzigen flüchtigen Blick. Nun die Kamera zum Fenster hin ausrichten, Auslöser antippen und im LCD-Feld das wechselweise blinkende Blenden-Zeit-Verhältnis ablesen, beispielsweise die Ziffern „9,5–125". Die Ziffer „125" steht für die Sekunden-Bruchteile, also 1/125 sec. Die grüne Leuchtdiode neben dem Sucher signalisiert mit konstantem Licht die Aufnahmebereitschaft ohne Blitzzuschaltung. Auch dieses Signal wird uns bald geläufig wie eine Verkehrsampel.

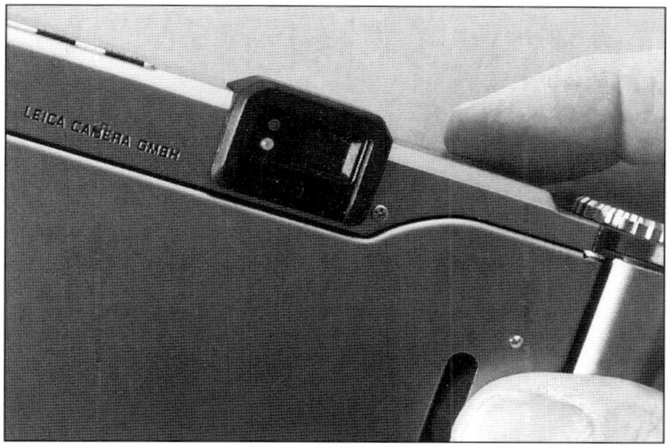

Garantie für gelungene Aufnahmen sind die Leuchtdioden neben dem Sucher:

Grün	**–**	**Schußbereitschaft ohne Blitz,**
Rot	**–**	**Schußbereitschaft mit Blitz,**
Blinken	**–**	**noch nicht bereit oder Lichtprobleme.**

Nun angetippten Auslöser wieder loslassen, Kamera in das Innere des Zimmers richten. Wieder antippen. Sicherlich blinkt jetzt wechselweise ein anderes Blenden-Zeit-Verhältnis, beispielsweise „2,4–60" (also offene Blende und 1/60 sec.). Ist das Zimmer aber nun recht dunkel, signalisiert über dem grünen Licht am Sucher die rote Diode konstant leuchtend – automatisch geschaltet – die Blitzbereitschaft.

Diese wichtige Vorübung sollte nunmehr in unterschiedlicher Umgebung – drinnen und draußen – mehrmals wiederholt werden, bis wir ein sicheres Gefühl für die Lichtmessung und die Blitzzuschaltung bekommen. Immer bei errechneten Belichtungszeiten unter 1/60 sec. schaltet sich automatisch der Blitz ein, um das fehlende Licht zu ersetzen und Verwackelungsgefahr bei Handaufnahmen zu vermeiden. Der eingebaute Blitz strahlt stets frontal aus Kamerarichtung, und wir müssen diese manchmal etwas flache Blitzausleuchtung in Kauf nehmen. Besser jedenfalls als Unterbelichtung.

Auslöser wieder loslassen. Nun richten wir unser Meßfeld in der Suchermitte auf den Gegenstand oder die Person, welche wir als „Hauptobjekt" bezeichnen wollen. Dieses für die Aufnahme wichtige Objekt soll später im Foto auf jeden Fall scharf abgebildet sein – auch wenn die Umgebung oder andere Details nicht ganz so scharf erscheinen werden. Hinzielen, Auslöser antippen und mit angetipptem Auslöser den gesamten Bildausschnitt im Sucher erfassen. Wenn der Auslöser angetippt bleibt, können wir mit dem kleinen Meßfeld das angemessene Objekt wieder verlassen, denn die letzte Messung ist gespeichert, solange angetippt bleibt. Durchdrücken – Schuß. So, das wär's.

Wer diese Manipulationen gelesen hat, und noch kein *minilux*-Besitzer ist, wird unter Umständen niemals einer werden. „So kompliziert ist das?" Wer aber die beschriebenen *Simultan-Übungen* ein paarmal mit der Kamera durchgespielt hat, dem wird erfolgreiches Schnappschießen schnell zur Routine, ähnlich wie das Starten eines Autos. Hier sollte in erster Linie gezeigt werden, wie die Kamera reagiert, wenn auf den Auslöser gedrückt wird. Mehr nicht! Die praktische Kurzanleitung als Anlage zur *minilux*-Gebrauchsanleitung steckt immer im Kamerabeutel – für Notfälle ...

Noch ein Hinweis: Die Summgeräusche der aktivierten Kamera sind eine akustische Hilfe zum Verständnis der Vorgänge: Nach dem Einschalten der Kamera fährt das Objektiv erst einmal motorisch hörbar in Ausgangsposition. Beim Auslöser-Antippen wird die Fokussierung aktiviert – wieder ein kurzes Summgeräusch. Die Belichtungsmessung dagegen ist nicht hörbar. Nach dem Auslösen fährt das Objektiv mit leisem Summen in seine Ausgangsposition zurück, die Dioden am Sucher verlöschen, bis zum neuerlichen Antippen usw.

MODE-Taste auf „Blitz OFF", Entfernung manuell auf den Flurbogen (ca. 7 m) und sodann soweit an die Helligkeitszone (Durchblick) herangehen, bis sie das Sucherformat ausfüllt. Druckpunkt nehmen und damit zurückgehen, bis der Torbogen in etwa 5 m Abstand die Bildmitte ausfüllt. Auslösen. Die Bogensilhouette erscheint so mit Sicherheit tiefdunkel und bestimmt die Komposition auf der Mittelmeer-Insel. Objekt *40 mm*, Kodachrome 25 Diafilm.

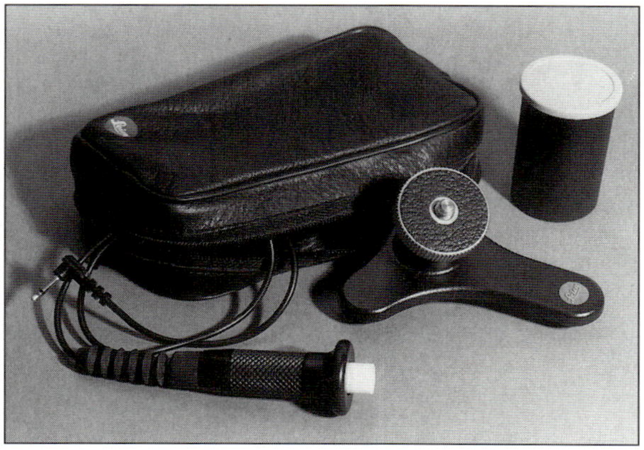

Die *minilux*-Kameratasche ist sehr vielseitig. Sie kann am Gürtel getragen werden und sogar als Zweittasche etliches Zubehör (Ministativ, Kabelauslöser und Ersatzfilm) aufnehmen, ohne die Beweglichkeit des Besitzers zu beeinträchtigen.

Simultan-Übung II

Mit der Lichtmessung umgehen

Wie schon erwähnt: Die Lichtmessung der *minilux*-Kameras ist mittenbetont angelegt. 2/3 des Sucherfeldes werden praktisch bei der Ermittlung der Belichtungsdaten genutzt – der Rest des im Sucher erfaßten Motivs wirkt aber prozentual auf das Meßergebnis.

Nehmen wir unser Beispiel eines dunklen Torbogens mit einem Durchblick auf eine sonnenbeschienene Landschaft in Bildmitte. Beträgt nun die „Fläche" des hellen Bildzentrums etwa 1/3 des Formats, so erfaßt die Kameramessung zu einem erheblichen Teil die Meßzone, gleicht aber mit ihrem integralen System den Helligkeitskontrast deutlich aus. Das bedeutet: Der helle Landschaftsdurchblick könnte z.B. um einen ganzen Blendenschritt überbelichtet

Zunächst manuelle Einstellung des Abstands (70 cm). Sodann zur Lichtmessung Kameraschwenk kurz auf den Himmel und Druckpunkt. So wurde die natürliche Schattenwirkung des Strohhuts erhalten. Mehrere Motorschüsse mit voll durchgedrücktem Auslöser und kleinen Abstandsvariationen ergaben eine Bildfolge, aus der später die Auswahl getroffen wurde. Keine Blitzzuschaltung. *Vario-Elmar* auf 50 mm, Kodachrome 25 Diafilm.

werden. Also, wieder mit Verstand und mit der Kamera in der Hand so weit nach vorn in Richtung Torbogen gehen, bis der helle Durchblick den Sucher-Rahmen ganz ausfüllt, und diese Belichtung messen (antippen). Mit angetipptem Auslöser zurückgehen, bis der Torbogen vom dunklen Umfeld bildmäßig gut – als Silhouette – erfaßt wird, dann auslösen. Die Entfernungsspanne von der dunklen Einrahmung bis in die Helligkeitsszene wird meist von der Schärfentiefe erfaßt. Ansonsten manuelle Fokussierung – wie wir auf der folgenden Seite erfahren. Für derartige Übungen finden sich überall Gelegenheiten: Fensterausblicke, belaubte Baumäste im Gegenlicht und alle Silhouetten-Motive (siehe Seite 17).

Wolkenloser Mittelmeer-Himmel bringt starke Kontraste. Lichtmessung hier unbedingt zunächst nur auf die helle Seite des Bootskörpers und die Schattenzone bewußt dunkler halten – wie beim natürlichen Augeneindruck. *Summarit 40 mm*, Kodachrome 25 Diafilm.

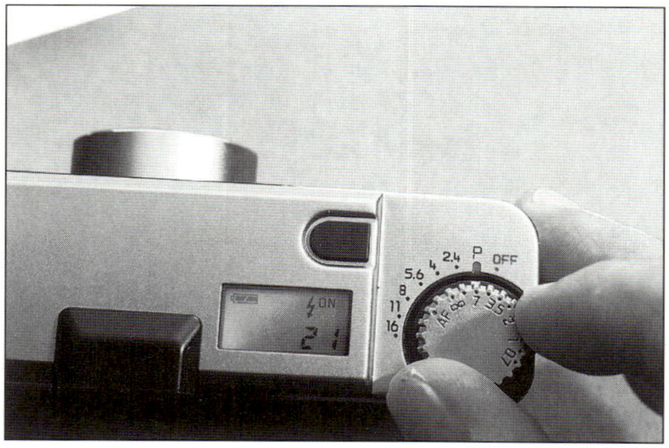

Es gibt eine Reihe hochwertiger Kameras, die eine Infrarot-Fokussierung besitzen. Wenn die *minilux* neben dieser eine manuelle Einstellung ermöglicht, so sollte man sie auch benutzen – vor allem in den genannten Sonderfällen. Die Einstellung am Funktionswähler ist übersichtlich und rastet ein. Der Zollstock ist ein gutes Testmittel bei solchen Schätzübungen.

Hier sollen einige der leicht zu Fehlmessungen neigenden Motive demonstriert werden. Bei dem alten Werkstatthof wurde die Entfernung manuell etwa 2 m hinter das Eisengitter verlegt.
***Summarit 40 mm*, Kodachrome 64 Diafilm.**

Simultan-Übung III

Entfernungseinstellung manuell, nach Schätzung

Weil wir immer noch mit ungeladener Kamera üben, können wir die Ergebnisse unserer Schätzentfernungen noch nicht anhand von Testfotos überprüfen – oder doch? Natürlich, mit dem Zollstock. Gewisse grobe Schätzfehler sind praktisch nur in den Bereichen unter fünf Meter im Foto später überhaupt sichtbar und auch nur bei größerer Blendenöffnung. Bei Abständen zwischen 70 cm und 5 m sollte daher genauer geschätzt werden. Wozu aber überhaupt manuelle Entfernungseinstellung am Funktionswähler? Die Autofokus-Messung reagiert bei einigen ausgefallenen Objekten bzw. Motiven nicht exakt, wenn wir unser Meßfeld im Sucher genau darauf richten. Problematisch sind z.B. dünne Gitter, Netze, Gardinen, lockere wehende Haare, Feuerflammen, sehr helle und direkte Lichtquellen, Autoscheinwerfer, Weihnachtsbäume mit Kerzen, glitzernde Wasserflächen, Glasscheiben und Spiegel, Objekte hinter Autofenstern, Schaufenstern und in Vitrinen.

Zwar kann man häufig ersatzweise die Messung auf ein anderes, markantes Objekt in gleicher Entfernung vornehmen, soweit Gelegenheit dazu ist. Sicherer ist jedoch hier die Schätzung der Entfernung und deren manuelle Einstellung an der griffigen Fokusscheibe. Mit der Entfernungseinstellung von Hand wird der Fokussensor der Kamera automatisch ausgeschaltet. Die auf der Fokusscheibe eingravierten Entfernungen rasten jeweils ein – ebenfalls ihre punktmarkierten Zwischenwerte. Auch wenn die Kamera abgeschaltet wird, bleibt die manuell eingestellte Entfernung bei Wiedereinschaltung wirksam, bis die Einstellscheibe auf „AF" gestellt wird.

Das Entfernungs-Meßfeld im Sucher wird natürlich bei manueller Fokussierung bedeutungslos. Wenn eine Situation voraussehbar ist, etwa bei spielenden Kindern, und wenn sich die Distanz dabei nicht wesentlich verändert, ist manuelle Einstellung zweckmäßig, weil man nicht auf Meßfehler z.B. zwischen zwei Personen usw. achten muß. Bei größerer Schärfentiefe wird die Schätzung erleichtert. Schärfentiefe wird bestimmt von der Motiv-Helligkeit und der Empfindlichkeit des Films.

Dieser dünnmaschige Zaun erbringt mit Sicherheit bei Autofokussierung Fehlmessungen. Der Infrarot-Sensor braucht Objekte mit mehr Flächencharakter.

Auch die zarten Eisblumen am Fenster sollten lieber manuell angemessen werden. Gegenlicht-Beleuchtung durch eine Lampe am Gartentor. *minilux Summarit.* Stativaufnahme.

Ein mit ISO 400 DX-codierter Film (Code auf der Filmpatrone) verkleinert die Blende automatisch gegenüber einem weniger empfindlichen Material und erweitert damit die Schärfentiefe. Wir können das auch bei unseren Übungen noch ohne Film leicht kontrollieren. Dazu legen wir eine leere Filmpatrone mit beliebiger ISO/ASA-Codierung ein. Jeder Fotohändler wird uns gern verschieden codierte Leerpatronen geben. Zur Information über die Reaktion der Kamera genügen schon zwei unterschiedlich codierte Leerpatronen. Nach Auswechslung werden wir bei Testmessungen vor dem gleichen Motiv im LCD-Datenfeld ganz verschiedene Blendenzeit-Kombinationen feststellen. Nehmen wir jetzt die Schärfentiefen-Tabelle zur Hand, so finden wir bei Abstand 3,5 m und Blende 5,6 den Schärfebereich von 2,49 m bis 5,92 m oder abgerundet 3,5 m Schärfentiefe. Bei Blende 11 dagegen ergibt sich schon eine große Schärfentiefe von 1,93 m bis 19,53 m. Das sind rund 18 m Schärfentiefe! Das Entfernungschätzen sollte daher meist ein Kinderspiel sein. Im Bereich um 70 cm und bei geringer Filmempfindlichkeit – noch dazu bei geringer Helligkeit – sollten wir jedoch bei u. U. nur noch 10 cm Schärfentiefe die verläßliche Autofokus-Messung vorziehen und nur bei den erwähnten physikalischen Hindernissen manuell einstellen und mehrere Belichtungen mit kleinen Entfernungs-Varianten vornehmen. Aber keine Sorge, noch ist die Kamera ungeladen und zu allerlei Experimenten bereit.

Einstellung	*Schärfentiefe*
2 m	1,5 – 3 m
3,5 m	2,5 – 6 m
7 m	5,1 – bis unendlich

Die Werte sind bezogen auf Blende 8 und ISO 200-Film, wie sie für Durchschnittsmotive bei Tageslicht angemessen sind. Im Innenraum bei Blitzzuschaltung ist die Reichweite des Blitzes stets ausreichend.

Übrigens: Eine kleine Hilfe bei unseren Nah-Entfernung-Schätzübungen mit der *minilux* sei noch verraten: Ein menschlicher Kopf füllt bei 1 m Abstand flächenmäßig etwa 1/3 des Sucherfeldes aus. Ein Pferdekopf füllt etwa die Hälfte der Bildfläche. Wer gern manuell einstellt, kann sich eine Schärfentiefe-Kurztabelle aufschreiben, die er immer in der Kameratasche mitführt, siehe oben.

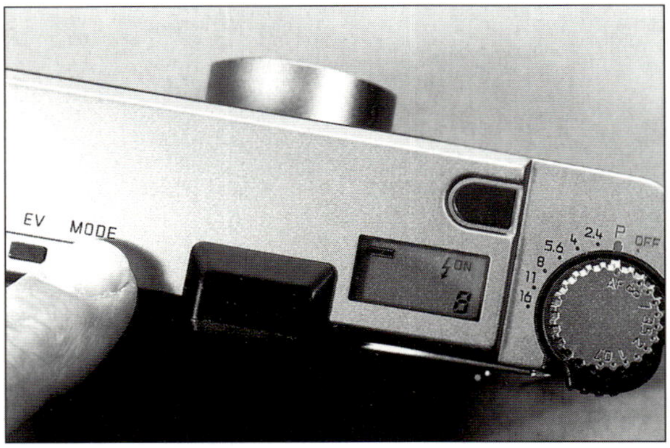

Mit der MODE-Taste auf „Blitz ON" ergibt immer Blitzaufhellung.

Wer diese Intensivübungen nicht mehr zu brauchen glaubt, kann natürlich auch gleich in die „Gehobene Praxis" der *minilux*-Fotografie einsteigen.

Simultan-Übung IV

Aufnahmen mit manueller Blitzzuschaltung

Auf einem Spaziergang mit ungeladener Kamera (oder doch schon mit Film) scheint diesmal die grelle Sonne. Vielleicht begleitet uns jemand, den wir einfach technisch vollkommen und quicklebendig fotografieren wollen – in dieser und jener Position. Als simulierten „Phantom-Film" üben wir mit einem Material von ISO 100, weil die Kamera (ungeladen) stets diese Empfindlichkeit einstellt. Bei Farbe wie auch bei Schwarzweiß müssen daher gewisse Kontraste bewältigt werden, was der Film nicht immer kann.

Unser Modell sollte sich dabei so ungezwungen wie möglich bewegen können und wollen, weil jeder Zwang die Lockerheit beeinträchtigt und spontane Schnappschüsse erschwert – bei routinierten Modellen ebenso wie bei kamera-ungewohnten Modellen. Es hemmt jede gelöste Fotosituation erheblich, wenn der Fotograf bei zu starker Beschattung oder Halbbeschattung ständig um eine andere Kopfhaltung bitten muß, um eine günstige Beleuchtung zu bekommen. Die Lebendigkeit wird mit solchen „Befehlen" immer beeinträchtigt, die Mimik erstarrt und beider Geduld ist schnell am Ende. Weitgehend technische Abhilfe bietet die MODE-Taste unserer *minilux / minilux zoom*-Kameras. Ab Ausgangsposition zweimal gedrückt, meldet sich im LCD-Feld „Blitz ON". Nun blitzt die Kamera bei jedem Schuß – vorausgesetzt, das Blitzgerät ist jedesmal wieder geladen.

Beim Blinken der roten Leuchtdiode neben dem Sucher ist die Ladung noch im Gange. Erst bei konstantem Leuchten kann ausgelöst werden. Vorher ist der Auslöser gesperrt. Alle zu harten Schlagschatten werden bei dieser Betriebsart – unabhängig vom vorhandenen Licht und in jeder Position des Modells – aufgehellt. Bei kurzen Abständen kann diese Blitzaufhellung gelegentlich zu intensiv sein. Im allgemeinen aber und bei Filmen zwischen ISO 50 und ISO 200 sind harmonische Aufnahmen – auch bei Diafilmen – zu erwarten. Mit der „ON"-Blitzschaltung sollte man nicht zimperlich sein und einfach munter drauflosschießen.

Wir erwähnten eben das Blitzen aus der Nähe (unter 1,5 m). Dazu ein kleiner Trick: Um den manchmal zu starken Blitz etwas abzuschwächen, damit die natürliche Beleuchtung nicht etwa vom

Der reizvolle Licht-Schatten-Kontrast soll erhalten bleiben. Bei voller Blitzaufhellung mit „Blitz ON"-Schaltung würde die Bildwirkung zu flach. Mit dem Finger läßt sich die Blitzleuchte etwa zur Hälfte abdecken und ermöglicht so eine subtil gesteuerte „Blitz-Prise". Auch ein Stück aufgeklebtes Papier mindert die penetrante Blitzkapazität nach Belieben. Die Simultan-Übung soll dafür ein Gefühl vermitteln – eventuell sogar mit Probefilm.

Blitz übertönt wird, decke man die Blitzleuchte etwa zur Hälfte mit dem Finger ab. Damit läßt sich die Blitzbelichtung sehr feinfühlig und individuell steuern. Das angemessene Abdecken ist eine echte Simultan-Übung für den „Ernstfall". Noch exakter: Die Blitzleuchte zur Hälfte mit Papier abkleben, natürlich nur für die betreffende Fotoserie. Hier sind Fingerspitzengefühl und ein bißchen Erfahrung von Nutzen.

Die manuelle Blitzzuschaltung ist besonders sinnvoll bei Filmen mit höherer Empfindlichkeit, denn in Grenzfällen schwacher Beleuchtung wird der Blitz automatisch nicht aktiviert, obwohl ein Blitz zur Ausleuchtung vorteilhaft wäre. Der nächste MODE-Tastendruck schaltet den Vorblitz ein, wenn dieser zur Vermeidung roter Augen unerläßlich ist, d.h. wenn das Modell in die Dunkelheit blickt. Mit einem bereits eingelegten Testfilm haben wir dann schon auswertbare Ergebnisse.

Und noch eine kleine Übung:

Wie oft muß ich die MODE-Taste drücken, um beispielsweise im Datenfeld „Blitz OFF" zu bekommen? Sechsmal. Und „Slow Blitz ON"? Viermal.

Vor allem Brillenträger ohne Brille und Schnappschußjäger im Trubel tun sich leichter mit „blindem" Zählen – ein sehr wertvolles Gedächtnistraining!

Blitzen in kürzere Zeitbelichtungen – bei Nachtaufnahmen – erfordert MODE-Taste drücken, bis im LCD-Feld „Slow Blitz ON" erscheint. Für genügend Schärfentiefe wird die Blende manuell am Funktionswähler eingestellt (weißer Index!) Die MODE-Schaltung „Slow Blitz ON" kann einerseits mit der Programm-Automatik kombiniert werden, sie läßt sich aber auch mit manueller Blendeneinstellung verwenden.

Simultan-Übung V

Automatik plus Blitz bei Dunkelheit

Die romantischen Plätze alter Städte – im Süden wie im Norden – geben mit einem Brunnen auf dem Marktplatz oft eine reizvolle Kulisse ab. Wir nehmen eine solche mögliche und beispielhafte Szene, am Urlaubsort etwa, zum Anlaß unserer simulierten Situation. Eben erst haben wir zu nächtlicher Stunde das kleine Lokal verlassen, und es bietet sich an, als Erinnerung an den Ferienabend noch eine Aufnahme unserer Freunde am plätschernden Brunnen zu schießen – malerisch dahinter die beleuchteten Hausfassaden oder großstädtischen Lichtreklamen, eine wirklich attraktive Szene.

Doch vorläufig finden unsere Übungen ja noch zu Hause statt, vielleicht in der Fußgängerzone. Nun die *minilux / minilux zoom*-Methodik: Vom Tage ist noch ein ISO 200-Film in der Kamera. Hintergrund die beleuchtete Einkaufsstraße mit ihren Lichtern, davor Personen in etwa 2,5 m Abstand.

1. Methode: Kurze Zeitbelichtung ist notwendig. MODE-Taste auf Datenfeld „Slow Blitz ON" drücken. Nach Antippen des Auslösers ermittelt die Kamera die Kombination „Blende 2,4 und 1/8 Sekunde". Mit dieser Programmierung wird der nächtlich beleuchtete Hintergrund gut belichtet und für die vorn im Dunkeln stehende Person sorgt der automatisch dosierte Blitz. Jedoch bei voller Öffnung des Objektivs erscheinen die Lichter und beleuchteten Häuser im Hintergrund nicht mehr gestochen scharf, weil bei diesem Abstand der Fokussierung die Schärfentiefe laut Tabelle nur etwa bis 4 m reicht. Die leicht verschwommenen Lichter können zwar recht fotogen sein, und die ermittelte 1/8 sec. schaffen wir auch noch aus der freien Hand, obwohl das grüne Leuchtsignal bereits blinkt. Das Resultat ist ein durchaus interessantes Nachtfoto mit gestochener Schärfe im geblitzten Vordergrund.

2. Methode: Mehr Schärfe im Hintergrund.
Wir haben ein Stativ dabei oder eine passende Auflage für unser Ministativ. Die Kamera hat also einen festen Standpunkt, so daß die Blende manuell z.B. auf „8" geschlossen werden kann. Unsere Person/en müssen nun allerdings etwa 1/2 Sekunde ruhig verharren, damit ihre Konturen zum Hintergrund scharf bleiben. Kabelauslöser oder Selbstauslöser zünden den Blitz bei Auslösung und Verschlußöffnung. Ergebnis: Vorn und in der Ferne eine scharfe Nachtaufnahme.

„Slow Blitz ON" ist eine wunderbare Sache. Die Kamera mißt die Belichtung für das nächtliche Umfeld und dosiert den zugeschalteten Blitz genau für den Vordergrund (z.B. Menschen in der Nähe).
Wir haben dennoch die Möglichkeit einer Einflußnahme: Mit manuell voll geöffneter Blende (2,4) verändern sich die Lichter der Großstadt-Reklamen zu weich verfließenden, hellen leuchtenden Flächen. Die Szene bekommt einen besonderen malerischen Schmelz. Die Belichtung wird automatisch angepaßt, wie unser Schwarzweiß-Vergleich zeigt.

oben: „Slow Blitz ON"
Programm-Automatik.
minilux, Summarit 40 mm,
Kodachrome 200 Diafilm.

unten: Blende manuell auf volle Öffnung (2,4)
minilux zoom, Brennweite ca. 65 mm, Ilford HP 5 ISO 400 Schwarzweiß- Negativfilm.

Die Lichteindrücke bei Nachtaufnahmen reichen von Lichtkaskaden, Leuchtreklamen und Autoscheinwerfern bis zu den spärlichen Lichteindrücken angestrahlter Gebäude oder Gärten. Die Kamera muß ihren Verschluß mehrere Sekunden (oder gar Minuten) offenhalten. Wie lange, bleiben Erfahrungswerte und empirische Belichtungsreihen. Stativ ist jedenfalls erforderlich. Solange der Auslöser gedrückt bleibt, ist der Verschluß offen.

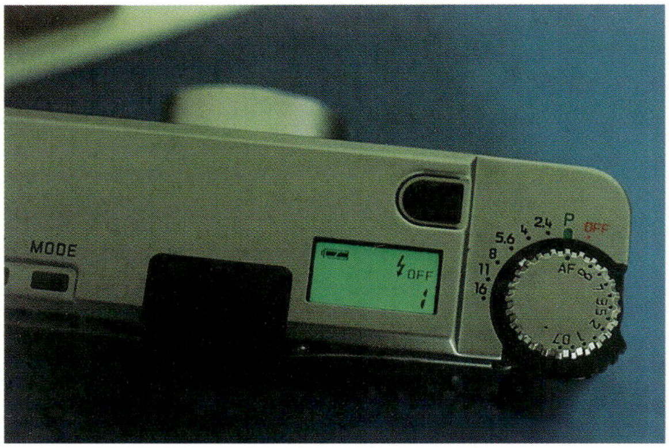

Die bei Dunkelheit automatisch beleuchtete LCD-Tafel zeigt die belichteten Sekunden.

Simultan-Übung VI

Nachtaufnahmen bei vorhandenem Licht

Pechschwarze Nacht. Der Turm der Kathedrale ragt im Flutlicht zahlreicher Scheinwerfer in den schwarzen nächtlichen Himmel.

Beinahe in jeder Stadt gibt es angestrahlte Architektur und beleuchtete Boulevards. Für unsere nächtlichen Übungen mit der *minilux* haben wir auf jeden Fall das Leica-Ministativ, ein ausziehbares Kleinstativ, oder ein handliches Einbeinstativ dabei. Nun gilt es eine geeignete Unterlage oder Aufstützmöglichkeit zu finden. Zur Not tut es auch das (eigene) Autodach oder die halbgeöffnete Seitenscheibe, weil wir doch eine längere Belichtungszeit brauchen. Der Film sollte nicht unter ISO 200 haben, MODE-Taste so lange drücken, bis im Datenfeld „B Blitz OFF“ die frei zu wählende Zeitbelichtung erscheint. Mit der *minilux zoom* drücken wir die EV-Taste, bis im Datenfeld der Buchstabe „T“ erscheint, das heißt Zeitbelichtung nach Auslösung. Wir sind jetzt ganz auf unsere Entscheidung angewiesen, wie lange die Nachtszene zu belichten ist. Der Verschluß bleibt geöffnet, solange der Auslöser (Kabelauslöser) gedrückt wird. Wie lange? Bei unseren nächtlichen Versuchen gibt es Erfahrungswerte: bei ISO 200 und Blende 5,6 (manuell) dürften Zeiten zwischen einer Sekunde und vier Sekunden zutreffen. Drei unterschiedliche Belichtungen geben uns nachher die Auswahlmöglichkeit der besten Lichtstimmung. Übrigens: Die Blende stellt dabei automatisch auf 2,4, wenn nicht manuell gewählt wird. Da unsere Filme eine gewisse Toleranz verkraften, gibt es kaum ein Risiko bei den Belichtungsreihen. Auch Hochformataufnahmen sind mit dem Ministativ möglich, wenn wir geeignete Hauswände, Laternenpfähle, Säulen oder Balustraden finden, wo das Stativ angedrückt wird.

Das Suchen und Finden solcher Stativstützen gehört natürlich auch zu unserenÜbungen.

Das Ministativ leistet bei Nachtaufnahmen gute Dienste, weil sich meist eine erhöhte Unterlage findet. Belichtung mit Kabelauslöser zweckmäßig. Die Lichter der fahrenden Autos zeichnen ihre Spuren.

Zeitaufnahmen („B und Blitz OFF“) mit Selbstauslöser – auch das geht. Allerdings bleibt der Verschluß dabei nur ca. 1 sec. offen. Wenn kein Kabelauslöser vorhanden ist, kann das bei spärlichem Licht anstelle Fingerdruck eine Lösung sein.

Ein Kontrast-Motiv in Venedig. Weder die Kuppel der „Salute“ noch die bizarren Pfähle im Vordergrund dürfen unscharf sein. Manuelle Einstellung auf ca. 7 m ergibt eine genügende Schärfenebene bis zum Hintergrund – auch bei relativ großer Öffnung.

Simultan-Übung VII

Schärfentiefe Nah bis Unendlich

Bild rechte Seite:
Größere Schärfentiefe verlangt das eiserne Bäckerschild, wenn auch noch die Türme von Dinkelsbühl scharf sein sollen. *Minilux*-Fokussierung auf die Häuser hinter dem Schild und Blende 8 dehnte die Schärfe bis in die Ferne. Ektachrome Elite 100 Diafilm.

Eine leere Übungspatrone mit ISO 200-Code in der Kamera simuliert uns die idealen Daten auf der LCD-Anzeige bei Programmautomatik „Auto Blitz“. Als Beispiel soll uns nunmehr ein beliebtes Standardmotiv dienen: Das großäugige Kamel vor der Cheops-Pyramide. Fotografisch brauchen wir hierzu eine Schärfentiefe von 2 m bis Unendlich, wenn wir die interessante Struktur der aufgetürmten Quader des antiken Bauwerks dahinter ebenso gestochen scharf abbilden möchten. Laut Kurztabelle stellen wir am Entfernungsring von Hand die rastende Punktmarke auf 5 m (zwischen 3,5 und 7 m) und ebenfalls manuell die Blende auf 11 mit dem weißen Index ein. Nun reicht die Schärfe von 2,3 m bis Unendlich, weil wir, nicht nur in Ägypten, bei Sonne ohne weiteres auch mit Blende 16 fotografieren können, ohne mit 1/60 sec. zu verwackeln. Natürlich müssen wir durch Antippen immer wieder prüfen, ob die Kamera die 1/60 sec. berücksichtigt, d.h. ob die grüne Leuchtdiode am Sucher nicht blinkt.

Wir brauchen für diesen Schärfentest nicht weit zu reisen. Zu Hause kann ebenso ein Gasthausschild vielleicht mit einem Gebäude im Hintergrund die ähnlichen Verhältnisse simulieren. Verschiedene Motive dieser Art ausfindig zu machen und die Situation jeweils in den Griff zu bekommen, verleiht uns mühelos die notwendige Routine für Schüsse mit optimaler Schärfentiefe – wenn es in der Praxis darauf ankommt.

Eis

Bei manueller Entfernungseinstellung brauchen wir das kleine Meßfeld im Sucher nicht zu beachten, sondern konzentrieren uns ganz auf das Motiv und die Schärfenebene.

Bild rechte Seite oben:
Selbst mit der *minilux* und 40 mm Brennweite sind solche Aufnahmen mit „Tele-Wirkung" möglich. Manuelle Einstellung auf Blende 2,4 (volle Öffnung) und ein geringempfindlicher Film lassen den unruhigen Hintergrund schemenhaft verschwimmen.
Kodachrome 25 Diafilm. Mehrere Motor-Schüsse mit kleinen Entfernungsvarianten für Vordergrundschärfe.

Simultan-Übung VIII

Nahaufnahmen mit impressionistischem Hintergrund

Beispielmotiv: diesmal am Urlaubsort vor einer malerischen Hafenszene. Auf einem Tischchen sind eine Korbflasche mit Wein, Gläser, Teller mit Vorspeisen, Straßenkarte, bunte Salate und andere landestypische Accessoires arrangiert; dahinter als Kulisse die bizarren Masten der bunten Fischerboote... Nun aber bitte nicht alles gestochen scharf! Im Foto würde diese Szenerie später ein Wirrwar flimmernder und glitzernder Einzelheiten ergeben und nicht gerade das fotografische Können und die Bildkultur des Autors verraten. Deshalb lieber: Die Schärfentiefe auf das einladende Stilleben auf dem Tisch im Vordergrund konzentrieren und die Hafenkulisse dahinter schemenhaft das Milieu andeutend und leicht verschwommen, wie eine aquarellierte Skizze. Ein Film oder eine Übungspatrone mit ISO 50 in der Kamera wären für die Simulation angebracht. Aber wir sind ja noch zu Hause und stellen ähnliche Gegenstände im gleichen Abstand ans Fenster. Abstand so gering wie möglich, entweder über Autofokus auf das vordere Drittel gezielt oder manuell am Schärfenrändel auf 0,7 m eingestellt. Das Hauptmotiv soll eine Weinflasche sein, die in geschätzter Entfernung steht. Das Schätzen des Abstands sollte ein Teil dieser Übung sein. Blende manuell bei Tageslicht auf 11 ergibt eine Schärfentiefe von ca. 60 bis 80 cm und sollte für das lukullische Stilleben ausreichen. Bei 1/60 sec. für die Freihandaufnahme erscheint der Hintergrund, ähnlich wie am Hafen, leicht bis stark unscharf, vor dem sich die Objekte vorn sehr plastisch abheben.

Eine größere Blende ergibt noch mehr Unschärfe im Hintergrund, aber auch auf dem Stilleben geringeren Schärfenumfang. Solch eine geplante Aufnahme sollte daher in mehreren Varianten mit unterschiedlicher Abblendung geschossen werden. Diesmal vielleicht auch mit Testfilm in der Kamera.

Die *minilux zoom* mit 70 mm Brennweite kann auch über ihre Fokussier-Automatik eingestellt und mit offener Blende derartige Hintergrundschemen wiedergeben, wenn wiederum ein wenigempfindlicher Film verwendet wird.
Kodachrome 25 Diafilm.
Es lohnt sich, zur Übung eine Leerkassette mit ISO 25-Code einzulegen und gezielt auf Jagd nach derartigen Motiven zu gehen. Im LCD-Feld sind jederzeit die Werte abzulesen.

Gewöhnung an die Kamera. Dieser psychologische Trick funktioniert immer. Wer auffällig mit der Kamera hantiert, verliert bald das Interesse seiner „Opfer". Mittendrin wird sodann unbehelligt scharf geschossen.
***minilux 40 mm*, Ektachrome Elite 200 Diafilm.**

Simultan-Übung IX

Viel zu selten wird „blind" geschossen

Der optisch hervorragende *minilux*-Sucher ist zwar ein verläßliches Mittel zur kreativen Bildgestaltung, jedoch läßt er sich auch einmal vernachlässigen. Genügend Übung vorausgesetzt sind zuweilen unwahrscheinliche Schnappschüsse aus ungewohnten Positionen auch ohne direktes Visieren durch den Sucher – und nur so – erreichbar. Die kurze Brennweite des *Summarit 40 mm* oder die 35 mm Weitwinkel-Brennweite des *Vario-Elmar* der *minilux zoom* erleichtern das sichere Erfassen flüchtiger Objekte wie Menschen, Kinder, Tiere auch mit sogenannten „Blindschüssen". Das *Summarit 40 mm* hat etwa einen Bildwinkel von 50 ° über die Formatlängsseite, das *Vario-Elmar* in Weitwinkelstellung etwa 60 °. Diese Bildwinkel zeichnen wir uns auf einem Aufkleber der Kameraoberseite, und das Blindschußtraining kann beginnen. Aus allen möglichen Schußpositionen: freihand, aufgelegt, aus der Hüfte, über den Unterarm, seitlich nach rückwärts, über den Kopf durch die gespreizten Beine, vom Boden, vom Tisch, von der Stuhllehne, vom Zaun, vom Autodach oder gar vom Bierglasrand als Kameraunterlage.

Die Bildergebnisse eines Testfilms werden es uns bestätigen: Es ist nicht sehr riskant, blind zu schießen. Mit Kamera-Automatik oder mit vorbestimmter, manueller Fokussierung fotografieren wir blind überraschende Sequenzen – auch mit Motor-Bildschaltung. Ungünstiges Licht erfordert etwas mehr Einstellsorgfalt. Im übrigen verlassen wir uns beim blinden Schnappschuß auf die große Schärfentiefe unserer *minilux*-Objektive im Weitwinkel-

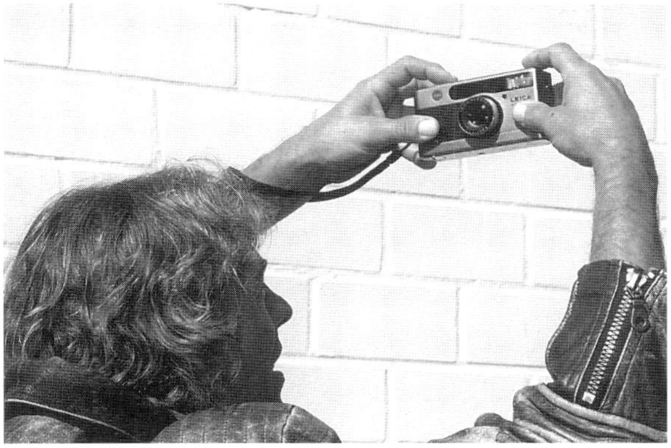

Sinn dieser *Simultan-Übung* ist es, ein Gefühl für die Schußrichtung der Kamera zu bekommen. In jeder Position, in jeder Richtung, waagerecht, schräg nach oben/unten, nach rückwärts oder in Bodennähe sollte die Szene sicher erfaßt werden. Mit Testfilm können die Ergebnisse natürlich besser studiert werden. Blindschüsse sind ein Feld für kurze Brennweiten.

Bild linke Seite, rechts:
Kameraposition wählen, (z.B. auf Bierglas als Stativersatz), Ausschnitt festlegen, Blickrichtung merken, schußbereite Kamera wieder entfernen, Szene weiter beobachten, kurz vor dem Schuß Kamera wieder in gleiche Position bringen. Noch weniger Aufmerksamkeit beansprucht die Kamera, wenn sie mit der Speisekarte etc. vorher getarnt wird.

Bereich. Es empfielt sich, bei Blindschüssen mehrere Aufnahmen kurz hintereinander zu machen, damit die Situation auch mit Sicherheit im Bild ist. Auch alle Zufälligkeiten, die sich ergeben, haben wir so besser im Griff und können mit geringerem Risiko zu guten Schnappschüssen kommen. Blindschüsse sind auch als Sequenzen eines lebendigen Geschehens, eines Ablaufs denkbar. Ferner müssen wir damit rechnen, daß unser Meßfeld, also die Kamera-Fokussierung, nicht immer genau auf die Bilddominante zielt, schließlich können wir sie ja nicht im Sucher sehen. Auch deshalb: mehrere Schüsse. Dias verlangen möglichst genaue Ausschnittwahl. Blindschüsse sind daher etwas unsicherer – aber durchaus machbar – bei einiger Übung, wie unsere Beispiele demonstrieren. Bei genügend Licht läßt sich auch mit vorher fixierter manueller Entfernungseinstellung arbeiten – wir haben ja Schärfentiefereserven. Leider sehen wir die Beleuchtung nicht aus Schußrichtung. Das bedeutet: Mitdenken, Lichtrichtung prüfen, Schatten einkalkulieren bzw. genau beobachten. Gegenlicht vermeiden. Quer- und Hochformat üben und die Kamera gut in der Hand, gut im sicheren Griff haben – zuweilen auch kamera-kopfstehend. Training ist dabei besonders angesagt.

Welch lebendige Szenen praktisch nur mit Blindschüssen erreichbar sind, zeigt dieses Beispiel eines Popkonzerts. Das applaudierende Publikum hatte auch noch seinen Spaß an dem „verrückten" Rückwärts-Blindschießer.
Summarit 40 mm mit Blitzzuschaltung, Ilford HPS 125 Schwarzweiß-Film.

Film ist nicht gleich Film

Ein besonders kritischer Test des *minilux-Summarit*-Objektivs. Links vom Portal ist die Gedenktafel des Baumeisters und Deckenmalers erkennbar, auf dem Originalnegativ nicht einmal 0,8 mm groß.
Das 40-mm-Hochleistungsobjektiv der *minilux*-Kamera in Verbindung mit dem superfeinkörnigen Agfa APX 25 Negativfilm macht die über 50fach vergrößerte Inschrift noch deutlich lesbar.

Wenn wir die kompakte *minilux* oder *minilux zoom* mit einem Film laden, haben wir uns schon weitgehend entschieden, wie unsere Fotos später aussehen werden. Ein bekannter Reporter der 50er Jahre hat sich damals schon über seine Erfahrungen bei Reportagen geäußert: „Meine LEICA mit Objektiven kostet 4000 Dollar, ein guter Schwarzweißfilm nicht einmal ganze 2 Dollar – aber beides entscheidet zu gleichen Teilen über den Erfolg."

Heute können wir auf eine Vielzahl an Filmen zurückgreifen. Allein ein gutsortierter Fotohändler verfügt über einen Sofortbestand von ca. 50 Filmsorten und entsprechend unterschiedlichen Filmmarken. Diese Marktvielfalt hat auch den Boom an Billigkameras hervorgerufen. Man kann mit einem guten Film zuweilen die Schwächen eines zweitklassigen Objektivs ausgleichen und bekommt von Durchschnittsmotiven immer noch brauchbare Aufsichtsbilder.

Einfache Regel: Ein ISO 400-Film erlaubt meist so starke Abblendung, daß die Schärfe „für den Hausgebrauch" genügt. Eine hohe Empfindlichkeit bedeutet daher für den Knipser auch den „besseren" Film. Erfahrene Fotografen wissen jedoch, wieviele andere Faktoren zu einem perfekten Bild beisteuern, ja überhaupt ein überdurchschnittliches Foto erst ermöglichen.

minilux-Amateure fotografieren meist schon systematischer als die große Masse der Kompaktkamera-Besitzer. Sie arbeiten entweder nur mit mittelempfindlichem Color-Negativfilm oder aber ohnehin auf Umkehrfilm für die Diaprojektion und belichten nur ihre Privatfotos für Album und Brieftasche auf höher empfindlichem Color-Negativmaterial.

Dann gibt es noch eine kleine Minderheit: Die Schwarzweiß-Enthusiasten. Solche Spezialisierung hat das große Plus, daß man auf seinem ureigensten Gebiet eine Menge Erfahrung und Meisterschaft erlangt. Deshalb gilt auch hier: „Zeige mir Deinen Film in der Kamera und ich sage Dir, wer Du bist." (Zumindest, was Dein Foto-Hobby betrifft). Schon das bewußte Abschalten bzw. Zuschalten des eingebauten Blitzes ist weitgehend Temperamentsache. Wer auf atmosphärische, stimmungvolle Aufnahmen schwört, schaltet öfter auf „Blitz OFF" und verwendet dafür lieber hochempfindliche Filme und ein handliches Kleinstativ bei irgendwelchen Lichtproblemen. Andere wiederum verfechten den „action shot" bei jedem Licht und blitzen fast immer – auch bei Tageslicht. Wieder andere experimentieren gern mit gezielter Blitzdosierung oder sie operieren manuell mit der Zeitbelichtung plus Blitz. Mit dem richtigen Film wird die flexible *minilux* zum sensiblen Werkzeug für Individualisten. Jedenfalls verwendet jemand mit Ansprüchen stets seine speziellen Filme, die er bald in- und auswendig kennt. Schon sind wir beim Thema: Der richtige Film zur richtigen Zeit in der richtigen Kamera ...

Wir wollen diese Einführung nicht abschließen, ohne auf die mannigfaltigen Spezialfilme hinzuweisen, die in sinnvoller Anwendung oft ganz eigenartige Bildwirkungen und manchmal unglaubliche Resultate ergeben. Derartige Highspeed-Filme, superscharfe Schwarzweiß- und Colorfilme, spezielle Kunstlichtfilme oder aber die diffizilen Infrarotfilme sind für Fotografen mit besonderen kreativen Ambitionen ein ergiebiges Arbeitsmaterial. Sie werden in betreffenden Abschnitten dieses Kapitels entsprechend erwähnt.

Die Kunst der Filmauswahl

Grundsätzlich basieren alle fotografischen Filme, ob Schwarzweiß oder Farbe, auf gleichen chemisch-physikalischen Grundlagen. Das ist – grob gesagt – die Relation von Lichtempfindlichkeit und Abbildungsqualität.

Die heute übliche Empfindlichkeits-Bezeichnung auf den Filmpackungen wird mit den international geläufigen Buchstaben „ISO" angegeben. ISO wird abgeleitet von „International Organisation for Standardisation" und entspricht den ASA-Werten. Diese wiederum werden oft noch in Verbindung mit den DIN-Werten angegeben. Wir wollen hier der Einfachheit halber nur zur Kenntnis nehmen, daß z.B. ein ASA/ISO 100 Film 21° DIN hat. Einschlägigen Tabel-

Mit dem geeigneten Film in der Kamera läßt sich auch das *40 mm-Summarit* als „Teleobjektiv" verwenden. Gutes Licht und eine sichere Hand ermöglichen Ausschnittvergrößerungen in fast unglaublichen Maßstäben.
Diese ca. 18fache lineare Vergrößerung entspricht einer Kleinbild-Brennweite von 150 mm. Mit der *minilux zoom* und 70 mm könnte der Pförtner des Hotels nochmals um das Doppelte vergrößert werden (schwach verkleinerte Wiedergabe der Originalvergrößerung.)
***minilux, Summarit 40 mm*, Kodak Ektar 25 Negativfilm.**

len kann man die gesamte Empfindlichkeits-Skala entnehmen. Auch hier gilt wieder der Grundsatz, daß jeder Empfindlichkeitssprung mit den halbierenden Werten von Blende und Verschlußzeit identisch ist.

Im allgemeinen erfordern Bühnenfotos hochempfindliche Filme. Aber es geht auch anders: Ein weniger empfindlicher Film – etwa mit ISO 50 – kann reizvolle Effekte bringen, wenn er mit 1/5 sec. die Bewegung darstellt und darüberhinaus stark vergrößert wird. Kornstruktur ist nicht immer ein „Fehler". *minilux, Summarit 40 mm,* aus der zehnten Reihe – Freihand, Ausschnitt. Schwarzweißfilm ISO 100.

Geringempfindliche Filme (ISO 25 – ISO 50)

Sehr feine körnige Struktur bei hoher Auflösung. Steiler (Farb-) Kontrast und hohe Farbsättigung bei Color-Filmen. Daher weniger Ausgleich von stärkeren Kontrasten im Motiv, z.B. im direkten Sonnenlicht. Manchmal überstrahlte Lichter, Spitzlichter und demgegenüber schwarze, strukturarme Schatten und Dunkelzonen. Sehr differenzierte Wiedergabe von detailreichen Objekten. Bei Schwarzweißfilm mit derart niedriger Empfindlichkeit kann eine kontrastmildernde, weiche Negativentwicklung differenziertere Graustufen ergeben. Bei Farbfilm (Negativ wie Dia) gibt es dazu kaum Möglichkeiten. Die geringe Lichtempfindlichkeit erfordert aber auch längere Belichtung bei der Aufnahme bzw. größere Öffnungen des Objektivs, d.h. geringere Schärfentiefe oder die Gefahr einer Verwacklung bei längeren Verschlußzeiten als 1/60 sec. Abhilfe durch Aufstützen der Kamera auf festem Untergrund oder ein Stativ. Bei kontrastarmen Motiven und diffuser Beleuchtung sind diese Filme ideal.

Mittelempfindliche Filme (ISO 64 – ISO 200)

Die Charakterisierung sollte sich erübrigen, weil damit alle Normalfälle und Durchschnittsbeleuchtungen optimal verarbeitet werden. Diese Filme stellen den Kompromiß nach allen Seiten und für alle Situationen dar, verzichten aber gleichzeitig auch oft auf Höchstleistungen bei dem einen oder anderen Bereich und vielleicht auf das außergewöhnliche Bild. Dafür verringert sich mit diesen Filmen auch das Fehlerrisiko.

Das Licht einer gewöhnlichen Stehlampe mit 100 Watt Halogen, schräg von rückwärts auf die Flöte gerichtet. Der hochempfindliche Schwarzweißfilm Ilford HP 5 plus mit ISO 400 und das Einbeinstativ (Cullmann) sowie eine ruhige Hand der Flötistin ergaben Schärfe bei 1/10 sec. *minilux, 40 mm,* Autofokus auf Bildmitte, volle Öffnung 1:2,4 und mehrere Motorschüsse mit kleinen Distanzvarianten. Leichte Ausschnittvergrößerung.

Hoch- und höchstempfindliche Filme (ISO 400 – ISO 3200 und mehr)

Ihre oft erstaunliche Empfindlichkeitsleistung erkaufen wir schlechthin mit körniger Struktur und mit geringerem Kontrast oder schwächerer Brillanz. Weil aber das *Summarit* in der *minilux* und das *Vario Elmar* auch bei voller Öffnung mit ihrer Kontrastleistung hohe Ansprüche erfüllen, dürfte diese „Schwäche" hochempfindlicher Filmschichten kaum ein Problem sein, normale Vergrößerungsmaßstäbe vorausgesetzt. Bei allen Gelegenheiten, wo man auf Blitzaufhellung verzichten muß oder will, bietet dieser Filmtyp weitgehend natürliche Lichtstimmungen. Wir können die Atmosphäre in schummerigen Innenräumen oder bei Dämmerung einfangen und sogar bei einer schwachen Glühlampe oder bei einer Kerze noch aus freier Hand fotografieren, wenn wir z.B. die volle Öffnung des *Summarit 1:2,4* ausnutzen. Andererseits ermöglicht die hohe Filmempfindlichkeit natürlich auch bei gutem Licht die kurze 1/400 sec., wie sie schnelle Bewegungen (Tiere, Sport) erfordern.

Immer der richtige Film in der Kamera

In der *minilux*-Gebrauchsanleitung wird lapidar nur kurz erwähnt, wie man teilbelichtete Filme jederzeit zurückspulen kann. Im Hinblick auf eine sinnvolle Filmauswahl kann diese Möglichkeit einmal sehr wichtig sein. Wir können den Filmtyp stets der Situation anpassen. Mehr darüber auf Seite 130.

Wenn wir über die wichtigsten Filmsorten in diesem Buch keine Gliederung in Tabellenform veröffentlichen, so geschieht das in dem Bewußtsein einer laufenden Veränderung und Verbesserung seitens der Hersteller. Aktuelle Daten sind deshalb nicht möglich, jedoch geben die Druckschriften der Filmhersteller darüber eingehend Auskunft. Im Zeitalter des Massenkonsums und der spontan geknipsten Bilderflut mit Automatik-Kameras müssen die Filmhersteller stets anstreben, das Knipsen so einfach und erfolgreich wie möglich zu machen. Wenn jemand von seinen Aufnahmen gute Resultate aus dem Labor erhält und damit zufrieden ist, so wird er stets diesen Filmtyp wieder verlangen – Sommer wie Winter.

Wer aber mit einer *minilux / minilux zoom* systematisch fotografiert, wird auch bei der Auswahl seiner Filme systematischer vorgehen und sich informieren. Bei sogenannten „Billigangeboten" sollte man eher zurückhaltend sein. Derartige Filme (oft mit Phantasienamen ohne Hersteller) können kaum die Qualität bringen, die wir bei der Anschaffung einer LEICA *minilux* im Auge hatten und erwarten. Die großen Marken garantieren authentische Daten und gleichmäßige Resultate.

Farbdiafilme (Umkehrfilme)

Durch Ausbleichen des metallischen Silbers der drei farbsensibilisierten Filmschichten entsteht ein Diapositiv aus den vorher in die Silberbromid-Schichten eingebetteten und chemisch aktivierten Farbkupplern. Resultat: bei Umkehrentwicklung ein silberloses Farbbild mit außerordentlicher Leuchtkraft und Farbdichte, wie sie für die Projektion erforderlich sind.

Außerdem kann man davon ausgehen, daß die Körnigkeit – bei vergleichbaren ISO-Werten – stets geringer wahrnehmbar ist als bei entsprechenden Negativ-Farbfilmen, die ja noch einen weiteren Arbeitsgang mit dem Kopiervorgang vom Negativ zum Positiv vorsehen.

Die Brillanz und Leuchtkraft eines guten, harmonisch durchbelichteten Dias ist von keinem anderen Wiedergabeverfahren auch nur annähernd zu erreichen. Wenn schon bei der Aufnahme alle möglichen optischen Fakten mit gut korrigierten Objektiven genutzt werden, so haben wir fotografisch das non plus ultra zur Verfügung. Bei aller Bequemlichkeit der Präsentation von Papierbildern muß man darüberhinaus berücksichtigen, daß der Kontrastumfang bzw. der Helligkeitsumfang hier nur etwa 1:30 ausmacht, während ein strahlendes Projektionsbild von seinen höchsten noch durchgezeichneten Lichtern bis zu den tiefen Schwärzen eine Spanne von etwa 1:300 aufweist. Dazu kommt das psychologische Moment projizierter Dias, die einen höheren Aufmerksamkeitswert haben, als beispielsweise die Bildschirmwiedergabe über elektronische Digitalsysteme. Die technisch vervollkommneten Farbvergrößerungen harmonisch abgestufter Dias übertreffen auch meist vergleichbare Papierbildvergrößerungen.

Voraussetzung für die Ausnutzung der Filmqualitäten moderner Umkehrfilme ist allerdings eine optische Qualität schon bei der Aufnahme.

Wie testen wir unsere Filme?

Absolute Sicherheit kann keine noch so teure Kamera und auch kein Superfilm gewährleisten. Immer bleibt ein kleiner Teil an Ungewißheit übrig, ob die Aufnahmen „etwas geworden" sind. Diese Unwägbarkeiten gehören aber auch zu der spannenden Faszination der Fotografie und besonders der Dia-Fotografie.

Wie schon erwähnt, können sich unterschiedliche kameratechnische und filmchemische Toleranzfaktoren auch einmal ungünstig summieren und dabei zu erkennbaren Helligkeitsdifferenzen nach oben oder unten führen. In Grenzen können wir dem vorbeugen. Der Einfachheit halber bleiben wir beim sensibelsten Filmtyp, dem Farbdiafilm. Vielleicht bestehen schon Erfahrungen mit dem einen oder anderen Material und es hat sich bezüglich seiner Farbcharakteristik schon eine gewisse Sympathie herausgebildet. Diesen „persönlichen" Filmtyp benutzen wir zum ersten systematischen Filmtest.

An einem leicht verhangenen Tag mit verschleierter Sonne fotografieren wir ein mittelgroßes Objekt, Denkmal, Auto, kleines Gebäude etc., oder auch eine Menschengruppe.

a) Aufnahme mit Universalbetriebsart ohne Blitzzuschaltung,
b) Aufnahme mit EV-Korrektur nach +0,5,
c) Aufnahme mit EV-Korrektur nach +1,0,
d) Aufnahme mit EV-Korrektur nach –0,5,
e) Aufnahme mit EV-Korrektur nach –1,0.

Bei einem solchen Objekt in mittlerer Entfernung (2 – 5 m) können dieselben EV-Korrekturen auch mit manueller Blitzzuschaltung „Blitz ON" getestet

Bild oben:
Der Tonreichtum moderner Diafilme wirkt sich bei kontrastarmen Motiven und bedecktem Himmel besonders aus. An trüben Tagen treten nuancierte Zwischentöne brillant hervor.
Agfachrome RSX 50, *minilux zoom* auf 50 mm eingestellt.

Bild unten:
Der Gelbstich einer Kunstlichtbeleuchtung kann manchmal recht interessante Stimmungen vermitteln. Exakte Wiedergabe der Farben, besonders der Hauttöne, ist nur mit speziellem „Kunstlichtfilm" möglich. Autofokus und „Blitz OFF" betonten das Gegenlicht.
Agfachrome RSX 200, *minilux zoom.*

Bilder linke und rechte Seite:
Nachwuchskonzert einer Musikschule. Entscheidend war der richtige Platz in vorderer Reihe, wo das Spiel der jungen Pianistin aus schräger Rückensicht erfaßt werden konnte. Bei einem solchen konzertanten Ereignis wäre es völlig unverantwortlich, das subtile Spiel mit Blitzaufnahmen zu stören. Deshalb höchstempfindlicher Film, der trotzdem noch Ausschnittvergrößerungen erlaubt. Mit dem Kodak Gold Zoom Color-Negativfilm ISO 800 konnten einige Negative der Serie auf 24 x 30 cm für Ausstellungszwecke vergrößert werden.
***minilux zoom 70 mm,* 1/30 sec., MODE-Taste auf „Blitz OFF" (Blende ca. 1 : 6,5).**

werden. Dabei ist zu beachten, daß die EV-Korrektur keinen Einfluß auf die Blitzdosierung hat. Die Bildwirkung wird aber vom Blitz mitbestimmt.

Die gleiche Testreihe sollte nun vor einem kontrastreichen, farbenfrohen Motiv in vollem Sonnenschein wiederholt werden. Auch hier wird als Ergebnis eine Belichtungsreihe mit einem Ideal-Dia resultieren. Natürlich werden alle Einstellungen und Varianten in richtiger Reihenfolge gewissenhaft notiert, um später die Aufnahmen vergleichen zu können. Als Anhalt für die Tasche oder zum Einkleben in die *minilux*-Kurzanleitung dienen die Daten dieses Ideal-Dias auf dem ausgesuchten Film bei diffuser und bei kontrastreicher Beleuchtung.

Es bleibt nun jedem überlassen, solche Tests auch bei anderen Situationen und mit anderen Filmen zu belichten. Die Ergebnisse werden sicherlich in ihrer Vielfalt überraschen. Die Testreihen mit Diafilm können ohne weiteres auch für alle Negativfilme (Schwarzweiß und Color) zugrundegelegt werden.

Neben der bereits erwähnten Filmempfindlichkeit, welche sich in der ISO/ASA oder DIN-Zahl ausdrückt, ergeben sich bei Filmen – ähnlich wie bei den Objektiven – noch zahlreiche andere Kriterien. Erst damit werden die charakteristischen Merkmale einer Filmschicht und eines Filmtyps exakt definiert.

Farbwiedergabe

Schwarzweißfilme setzen alle Farben der natürlichen Umwelt in adäquate Grauwerte um. Sie sind derart sensibilisiert, daß jeder Farbe des sichtbaren Spektrums im späteren Schwarzweiß-Foto ein entsprechender Grauwert zugeordnet wird, der in seiner Helligkeit der Farbdichte und dem Augeneindruck entspricht. Bei Farbfilmen sollten sich die Farben im Foto / Dia ebenfalls dem natürlichen Eindruck des menschlichen Auges angleichen. Im Gegensatz zum sehr anpassungsfähigen menschlichen Auge ist der chemisch arbeitende Farbfilm viel weniger flexibel und bedarf bei Kamera, Objektiv und Emulsion einiger Kunstgriffe, um den Augeneindruck im Lichtbild wiederzugeben.

Negativ-Farbfilme werden bekanntlich nachträglich im Labor nach ihrer Negativentwicklung z.B. im C 41-Prozeß in Komplementärfarbe auf das Farbpapier übertragen. Bei diesen Laborarbeiten sind durch Auswahl der Colorpapiere, der Filter des Kopierlichts, der Entwicklerchemikalien usw. erhebliche Korrekturmöglichkeiten eingebaut. Trotz aller objektiven Meßmethoden liegt es aber immer noch in der Hand des Laboranten, am Kopiergerät die Farbabstimmung so oder so zu beeinflussen. Bei den meisten Aufnahmen gibt es dafür gewisse Anhaltspunkte im Negativ, nach

denen sich der erfahrene „Lichtbestimmer" am Kopierer richten kann und die entsprechende Farbfilterung vornimmt. Beispielsweise kennt er den Hautton von Personen, das Grün einer Landschaft oder die Weißtönung bei Neuschnee.

Selbst Belichtungsfehler bis zu einer ganzen Blende, vor allem Überbelichtungen, können beim Laborprozeß weitgehend ausgeglichen werden und ergeben noch brauchbare harmonische Aufsichtsbilder.

Anders liegen die Verhältnisse bei Umkehrfilmen (Diafilmen) bei der Entwicklung zu projektionsreifen Farbdias (Prozeß E 6). Die labortechnischen Arbeitsgänge verlaufen hier völlig zwangsläufig und ein entwickeltes Farbdia ist nicht mehr zu verändern – weder in der Helligkeit noch in seiner Farbcharakteristik. Dabei kann es durchaus vorkommen, daß diese nicht mehr dem natürlichen Eindruck entspricht. Eine Abenddämmerung kann z. B. durch einen Belichtungsfehler im Dia zu blaß und kraftlos im Rot erscheinen oder auch zu schwer und dunkel im Verhältnis zur Wirklichkeit. Gerade im Hinblick auf Dia-Fotografie wurde bei der Justierung der *minilux*-Kameras auf exakte und weitgehend toleranzfreie Meßtechnologie besonderer Wert gelegt und in den bekannten Leica-Toleranzen äußerst sorgfältig gearbeitet.

Die Körnigkeit

Je höher die Empfindlichkeit eines Films, desto gröber seine Körnigkeit nach der Entwicklung. Obwohl bei Farbfilmen das Silberkorn nach Anlagerung der Farbkörper durch Bleichen entfernt wird, bleiben dennoch die Farbanlagerungen als „Kornstruktur" bestehen und bilden damit den ähnlichen Korn-Effekt wie beim Silberbild des Schwarzweiß-Films. Also auch hier: Je höher die Empfindlichkeit, desto gröber die Bildstruktur aus den Farbpartikeln.

Moderne Verfahren der Emulsionstechnik ermöglichen inzwischen dünnere Filmschichten bei gleicher Dichte der Silberbromid-Kristalle. Daher konnten die Bausteine für die Bildstruktur verfeinert und dementsprechend eine bessere Schärfe erzielt werden. Bei den Farbschichten der neuen Generation wurden natürlich die Farbsättigung und Farbdichte voll erhalten. Auch die Schwarzweiß-Filme profitieren von den Fortschritten der Filmchemie durch noch bessere Abbildungsqualität, Verbesserung der Kontrastfunktion und Verbesserung der Gradation (Graustufen).

Diafilme zeigen im allgemeinen geringere Körnigkeit als Farb-Negativfilme. Da die Vergrößerung von Aufsichtsbildern nach Farbdias sehr vervollkommnet wurde, ist diese Arbeitsweise – auch bei hohen Ansprüchen – durchaus zu empfehlen.

Die Scharfzeichnung (Konturenschärfe)

Scharfzeichnung ist nicht identisch mit der Körnigkeit. Vielmehr hängt die exakte Wiedergabe z. B. einer Trennungslinie (Hell-Dunkel) beim Objekt, also einer markanten Kontur, auch noch von einigen anderen Faktoren ab: etwa der Lichtstreuung innerhalb der Filmschicht. Dabei entstehen – abhängig von der Beleuchtung des Motivs – sogenannte „Lichthöfe". Besonders in den dickeren Emulsionsschichten hochempfindlicher Filme werden gelegentlich derartige Überstrahlungen (Diffusions-Lichthöfe) erkennbar, weil sie die Scharfzeichnung des Objektivs mindern. Gefärbte Lichthof-Schutzschichten auf der Filmrückseite und auch innerhalb der Filmschichten mildern diese Erscheinungen erheblich.

Wir stellen fest: Nicht nur der Optiker hat mit der Bewältigung der optischen Erscheinungen zu kämpfen, sondern auch der Chemiker im Labor der Filmhersteller ist aufgerufen, immer bessere Filmschichten zu entwickeln.

Die Gradation

Der Begriff läßt sich aus dem Lateinischen (Grad) ableiten und bedeutet soviel wie „Abstufung". Da sich die Natur im weitesten Sinne niemals als reiner Schwarz-Weißkontrast aufbaut, sondern aus unendlich differenzierten Zwischentönen und Farbnuancen besteht, sollte eine möglichst vielfältige Anzahl dieser Halbtöne auch im Lichtbild zutage treten – schwarzweiß wie auch farbig.

Wie schon erwähnt, zeichnen die verschiedenen Filmemulsionen mit ihrer unterschiedlichen Lichtempfindlichkeit mehr oder weniger kontrastreich. Im allgemeinen gilt die Tatsache, daß geringempfindliche Filme stärkere Kontraste aufweisen als höherempfindliche Schwarzweiß- und Farbfilme. Eine helle Hausfassade beispielsweise wird von kontrastreich arbeitenden Filmen im extremen Fall grellweiß und strukturlos abgebildet, die dunklen Fenster dagegen tiefschwarz, ebenfalls ohne Differenzierung in den Schatten. Wir können davon ausgehen, daß Filme mit geringer Empfindlichkeit die feinen Halbtöne der Natur, die das menschliche Auge mit seiner Akkommodationsfähigkeit spielend ausgleicht, daß Filme also mit derart „steiler" Gradation die differenzierten Halbtöne in der Natur nicht mehr bewältigen können und mehr oder minder unterdrücken.

Zu eindrucksvollen Aufnahmen gehören Mut und eine Portion Schwarzweiß-Erfahrung. Direkte Lichtquellen und Verzicht auf Blitzaufhellung sind zwar riskant, bringen aber mit gezielter Entwicklung eindrucksvolle Ergebnisse. Kodakfilm IR ISO 400 und Push-Entwicklung. Aufnahme: H. Grumann.

Mittelempfindliche und hochempfindliche Filme dagegen haben eine weichere, flachere Gradation, die in der Lage ist, alle Abstufungen im Motiv und bei Colorfilmen auch die Farbdifferenzierungen naturgetreuer wiederzugeben.

Nun besteht die Fotografie allerdings nicht nur in einer optimal natürlichen Wiedergabe der Umwelt, sondern auch in der Interpretation durch den Fotografen. Somit ist es durchaus legal, wenn er – um der Bildidee willen – die Eigenschaften der Filme für seine Bildgestaltung nutzt und härtere oder weichere Gradationen bewußt für seine künstlerischen Zwecke einsetzt. Aber auch mit der Absicht, möglichst naturnah und „augengemäß" zu fotografieren, kann er die Gradation schon bei der Aufnahme mit dem angenommenen Film oder aber noch weitgehend bei der späteren Bearbeitung – zumindest bei Schwarzweißaufnahmen – stark beeinflussen.

Die Hohe Schule der *minilux*-Fotografie bezieht sich keineswegs nur auf Farbfotografie. Im Gegenteil – immer häufiger findet man fotografische, bildgestaltete Spitzenleistungen im Schwarzweißbereich. Überhaupt sei hier betont, daß es z. Zt. eine wahre Renaissance der Schwarzweiß-Fotografie gibt.

Meisterfotos mit Schwarzweißfilmen

Farbfilme sind grundsätzlich in ihrer Manipulierfähigkeit eingeschränkter als Schwarzweißmaterial – jedenfalls für den Amateur. Vor allem ist die Bearbeitung von Schwarzweißfilmen in der Dunkelkammer wesentlich einfacher und billiger. Auch ohne eigene Dunkelkammer ist manche außergewöhnliche Aufnahme möglich, wenn der geeignete Film und evtl. eine gezielte Negativentwicklung infrage kommen.

Bei Schwarzweißaufnahmen wird das Resultat in erster Linie von der Filmempfindlichkeit und der damit zusammenhängenden Abstufung der Grauwerte (Gradation) bestimmt. Von der Empfindlichkeit hängt im wesentlichen der Helligkeitskontrast ab. Ein kontrastreiches Motiv – etwa Menschen bei wolkenlosem Sommerhimmel – kann mit einem Film von ISO 25 diese Kontraste nur noch steigern. Die Schatten erscheinen tiefschwarz, die sonnenbeschienenen Bildpartien oft ohne Struktur und ohne die reiche Skala der Mitteltöne. Also – wenn möglich – höhere Filmempfindlichkeit wählen.

Belichtungsvariationen sind bei extremen Motiven angebracht. Mit der EV-Taste lassen sie sich nach Plus oder Minus steuern, so daß nachher das beste Negativ verfügbar ist. Andererseits wird ein kontrastarmes Motiv – vielleicht eine Landschaft im Nebel – mit einem kontrastarm arbeitenden Film (höherer Empfindlichkeit) noch kontrastloser und „flauer" werden. Nun läßt sich aber diese Schwarz-Weiß-Kontrastskala im Gegensatz zu den Colorfilmen durch angemessene Negativentwicklung erheblich beeinflussen.

Arbeit mit speziellen Filmen

Alle digitalen Bildverfahren und Produktionsmethoden sind in einigen wesentlichen Handhabungen beschränkt. Sie kennen kaum die Möglichkeiten einer subjektiven Bildgestaltung mit verschiedenen Gradationen, den Schmelz, die Kontraststufen und Schärferelationen, wie sie uns moderne chemische Filme mit ihrer weitgefächerten Farb- und Schwarzweißskala bescheren. Wer sich einmal eine kleine Übersicht verschafft, wie man mit den verschiedenen Filmen schon bei der Aufnahme, aber auch bei ihrer nachträglichen Bearbeitung überraschende Effekte erzielt, der wird sich überlegen, ob er nicht unsere „klassischen“ Verfahren der Fotografie gegenüber digitalen und elektronischen Wiedergabetechniken bevorzugt.

Da wir uns mit den *minilux*-Kameras im Bereich der herkömmlichen Fotografie bewegen, mit all ihren seit Jahrzehnten vervollkommneten Möglichkeiten, da wir ferner eine optische Ausstattung der Spitzenqualität verfügbar haben, die nur mit modernen Aufnahmematerialien vollkommen ausgenutzt werden kann, möchte dieses Handbuch den anspruchsvollen Insidern gediegener Fototechnik helfen, alles auszuschöpfen, wozu die herkömmliche Fotografie heute mehr denn je in der Lage ist. Es sei darauf hingewiesen, daß manche Ratschläge hier nicht ganz umfassend beschrieben werden können. Dazu steht eine umfangreiche einschlägige Fachliteratur zur Verfügung, über die sich der Interessent im Detail beim Fachhandel informieren kann.

Diafilme für Kunstlicht

Die Farbe oder vielmehr die „Farbtemperatur“ des Tageslichts und des Kunstlichts (Lampenlichts) differieren erheblich, und zwar zwischen 5500 und 3200 Kelvin. Weil aber alle Diafilme im Labor nachträglich nicht mehr farbkorrigiert werden können, wie das

Bild rechte Seite:
Auch ohne Betätigung der EV-Taste zum Helligkeitsausgleich können Lichteffekte erreicht werden. Wir messen die besonnten Teile der Skulptur an, halten Druckpunkt und entfernen uns – wie das Motiv es erfordert. Im Negativ wird der Hintergrund sehr dunkel erscheinen – vor allem, wenn beim Positivprozeß auch nur auf die Lichter belichtet wird.
***minilux zoom 70 mm*, Ilford Pan F plus ISO 50, Ausschnittvergrößerung.**

bei Farb-Negativfilmen der Fall ist, sollten wir für Aufnahmen bei Kunstlicht, also künstlicher Beleuchtung (Glühlampen, Halogenlampen, nicht dagegen Elektronenblitze), einen dafür speziell sensibilisierten Diafilm verwenden.

Von Kodak gibt es z. Zt. beispielsweise davon drei Filmtypen: Ektachrome 64 T (Thungsten), Ektachrome 160 T und Ektachrome 320 T. Die Zahlen bedeuten die jeweiligen ISO-Werte.

Bei Kunstlicht ergeben sich damit im Dia neutrale Farben, wie wir sie vom physiologischen Augeneindruck gewohnt sind. Weil bekanntlich das Auge bzw. das Gehirn sich an die Lichtfarbe weitgehend anpaßt, empfinden wir die starke Verfärbung der verschiedenen Lichtarten nicht als Farbsprung. Der Farbfilm jedoch registriert objektiv die Farbdifferenzen mit erheblichen Farbstichen. Wir können dies jederzeit mit ein- und demselben Farbfilm in der Kamera feststellen, wenn wir einmal bei Tageslicht und ein andermal bei Kunstlicht fotografieren und beide Dias miteinander vergleichen.

Andererseits läßt sich aber auch ein solcher Farbstich als Gestaltungsfaktor nutzen – etwa, wenn wir den Kunstlichtfilm bewußt bei Tageslicht verwenden.

Manche Motive bekommen durch die monochrome Blautendenz einen verfremdeten, unwirklichen Reiz – das gleiche gilt für Aufnahmen bei Kunstlicht auf gewöhnlichem Tageslicht-Diafilm.

Bilder unten:
Kunstlicht ergibt beim Tageslicht-Diafilm einen übertriebenen Warmton in Richtung gelborange. Zuweilen kann diese Farbverfremdung aber auch vorteilhaft sein, wenn es nicht auf die Hautfarbe eines Gesichts, sondern auf eine effektvolle Kunstlichtstimmung ankommt.
minilux 40 mm, Agfacolor ISO 50, Blende 8 auf Ministativ, Blitz abgeschaltet („Blitz OFF").

Der Ilford XP2 und die entsprechenden Filme von Kodak und Konica liefern bei Entwicklung in den üblichen Farblabors nach dem C41-Entwicklungsprozeß ein silberkornloses Negativ. Die Papierabzüge können weitgehend monochrom ausgefiltert werden und es entstehen farbgetönte Bilder, je nach Geschmack. Ein Versuch lohnt sich.

Ein wunderbarer Außenseiter unter den Farbfilmen: Kodachrome

Dieser eigentümliche Dia-Umkehrfarbfilm von Kodak unterscheidet sich von allen anderen Colorfilm-Fabrikaten durch die besondere Struktur seiner chemischen Emulsionen.

Kodachromefilme haben in ihrem grundsätzlichen Schichtaufbau drei Schwarzweißschichten. Jede dieser auf die drei Grundfarben sensibilisierten Schichten ist dabei so geartet, daß sie erst bei der chromogenen Filmentwicklung jeweils nur einen der drei Farbkuppler in ihrem chemischen Gefüge aufnimmt. Damit wird folgendes erreicht:

1) äußerst dünne, lichtempfindliche Schichten und damit unübertroffene Schärfe,
2) unerreichte Farbintensität und Brillanz,
3) optimale Haltbarkeit der entwickelten Farbdias. (Es gibt heute noch Kodachrome-Dias aus dem Jahr1935, welche kaum von ihrer Farbintensität eingebüßt haben.)

Zur Zeit werden Original-Kodachromefilme mit ISO 25, ISO 64 und ISO 200 geliefert. Ferner ein Kunstlichtfilm mit ISO 160 für Kunstlichtaufnahmen ohne Korrekturfilter.

Kodachromefilme müssen zur Sonderentwicklung an Speziallabors eingeschickt werden. Im Kaufpreis sind die Entwicklungskosten eingeschlossen. In erster Linie eigenen sich Kodachromefilme für Motive mit geringen Farbkontrasten und für Objekte in diffuser Beleuchtung sowie farbarmen Situationen. Sie sind für Freunde feinster Farbnuancen und Differenzierungen die idealen Materialien.

Bevorzugt werden Kodachromefilme für wissenschaftliche Zwecke in Bereichen wie Archäologie, Geologie, Botanik, Mikrofotografie und bei allen Arten objektiver Dokumentation und Reproduktionen. Mit dem hochkorrigierten *minilux Summarit* und dem *Vario Elmar* der *minilux zoom* steht dem LEICA-Besitzer damit ein adäquater Film zur Verfügung.

Linke Seite:
Die überlegene Schärfe des Kodachromefilms zeigt sich besonders deutlich in der Vergrößerung vom Originaldia. 7fach linear vergrößert beweist sich schon in der gedruckten Wiedergabe, wie man projektionsreife Ausschnitte mit dem Diakopierer bekommt.
minilux, Summarit 40 mm,
Kodachrome 25 Diafilm.

Unter idealen Bedingungen, bei diffusem Licht und möglichst ruhiger Kamerahaltung ist der Kodachromefilm nicht zu übertreffen. Die Projektion solcher Dias hat nicht nur einen erheblichen dokumentarischen Wert, sondern stellt auch alle digitalen Verfahren in den Schatten.
minilux, Summarit 40 mm,
Kodachrome 25 Diafilm.

Schwarzweißfilme für Color-Negativentwicklung in Color-Negativprozessen

Manchmal scheitert eine kultivierte Schwarzweißfotografie einfach an einer nicht vorhandenen eigenen Negativentwicklung. Deshalb liefern bekannte Filmhersteller als Alternative einen Filmtyp, der in den üblichen Color-Negativentwicklungsmaschinen bearbeitet werden kann. Diese im Schichtaufbau wie Colorfilme gearteten Negative können sodann im Positivprozeß wie andere Schwarzweißnegative vergrößert werden. Es ist sogar möglich, den üblichen Color-Positivprozeß hier einzuschalten und „Schwarzweißbilder" mit einem besonderen Touch kopieren zu lassen.

Großer Belichtungsspielraum und feinere Kornstruktur bei hoher Empfindlichkeit sind weitere Zugaben dieses Filmtyps. Nicht überall gibt es gute Schwarzweißlabors – hier nun haben wir eine hervorragende Alternative für unsere Schwarzweißambitionen ohne eigenes Labor. Die Filme lassen sich auch problemlos durch Push-Entwicklung auf höhere ISO-Werte steigern. Außerdem haben sie einen großen Belichtungsspielraum.

Schwarzweiß-Diafilme

Mit dem neu aufgelegten Agfa-Scala 200-Diafilm steht ein verbessertes Schwarzweiß-Umkehrmaterial zur Verfügung, das eine besonders harmonische Abstufung in den Grauwerten aufweist. In der Projektion kommt man in den Genuß dieser sehr differenzierten Grauskala. Für „Feinschmecker" anspruchvoller Schwarzweißfotografie, die sich an den tiefschwarzen Bildpartien ebenso begeistern wie an zartester Weißstruktur, steht dieser wundervolle Gradations-„Zauberer" nunmehr zur Verfügung.

Nur am Rande sei erwähnt, daß man mit Direkt-Diapositiven auch Sandwichmontagen, z. B. auch Farbdias für die Projektion in Diarähmchen, kombinieren kann. Damit sind ganz neuartige ästhetische Reize erzielbar. Einfärbungen oder mitmontierte Farbfolien sind ein weiteres Verfahren, projektionswirksame Bilder zu erzielen. Schließlich dienen die schwarzweißen Positive auch zur Herstellung von Papiernegativen, die in vielfältiger Form labormäßig verarbeitet werden können.

Infrarot-Highspeed-Filme (schwarzweiß)

Der aufregenden Bildwirkung schwarzweißer Infrarotaufnahmen kann man sich kaum entziehen. Grellweiße Flora, tiefschwarzes Firmament und dunkle Wasserflächen, darüber blendend weiße Wolkenformationen und glasklare Fernsichten bezaubern immer wieder den Betrachter. Mit diesem spektral auf Infrarotstrahlung sensibilisierten Material werden alle infrarot-abstrahlenden Objekte auf dem Negativ stark geschwärzt. Das Blattchlorophyll der Flora, alle grünen Pflanzen, erscheinen daher im Positiv weiß. Auch andere Bildelemente verändern ihre Grauwerte und verleihen den Aufnahmen unwirkliche, oft märchenhafte Stimmung.

Der Film wird mit stark gefärbten Rotfiltern bzw. mit noch dichteren, sogenannten „Schwarzfiltern" verwendet. Infrarotstrahlung durchdringt dichten Nebel und Dunstschichten und läßt daher ferne Objekte, Gebirgsmassive und Landschaftsformationen, Städtesilhouetten u. a. im Lichtbild sehr kontrastreich und brillant erscheinen. Allerdings sind Erfahrungen bezüglich Lichteinfall (Sonnenstand) und Aufnahmewinkel erforderlich, um die Möglichkeiten dieses Materials voll auszuschöpfen.

Der Infrarot-Highspeed-Film ist äußerst empfindlich gegen Wärme und „normale" Temperaturen. Deshalb sollte er bis zu seinem Einsatz bei Tempera-

turen um die –30 °C gelagert werden und nach der Belichtung so schnell wie möglich entwickelt werden. Seine Kontraste lassen sich für spezielle Bildwirkungen nutzen.

Der schwarzweiße Kodak Infrarot Highspeed-Film verändert die Tonwerte und bringt zuweilen traumhafte Stimmungen, wenn er mit starkem Rotfilter oder einem sogenannten „Schwarzfilter" vor dem Objektiv belichtet wird.
Experimente sind allerdings damit unerläßlich. Der alternative Ilford SFX Film dagegen kann unter gewöhnlichen SW-Entwicklungs-Bedingungen verarbeitet werden.
Aufnahme: H. Grumann, Schwarzfilter

Das von Polaroid herausgebrachte „Sofort-Dia-Set" ist für jeden Amateur bei Tageslicht einsetzbar, wenn es gilt, wenige Minuten nach den Aufnahmen vorführfertige Dias selbst entwickeln zu können.

Ein Film mit „Phantasie"

Der Kodak Ektachrome Infrarot-Farbfilm wird nicht zu Unrecht auch als „Falschfarbenfilm" bezeichnet. Wie einige andere Filme ist dieses Material ursprünglich für die militärische Luftaufklärung entwickelt worden, wo man mit Laub getarnte Waldstellungen durch Farbveränderung sichtbar machte. Auch in der Forstwirtschaft wird dieser Film eingesetzt. Für unsere bildmäßigen Zwecke läßt sich der Film hervorragend zur Farbverfremdung nutzen.

Da der Ektachrome IR-Film mit Orangefilter verwendet werden muß, ist ein Kodak-Wrattenfilter Nr. 12 notwendig, das in Form dünner Folien erhältlich ist. Man schneidet diese Folie passend für das Objektiv und klebt sie mit Tesafilm leicht an. Achtung! Vor dem Ausschalten der Kamera und Einfahren des Objektivs die Folie abnehmen! Das Orangefilter kann auch als Steckfassung leicht abnehmbar auf die Objektivfassung aufgesetzt werden. Aufnahmen mit dem „Falschfarbenfilm" sollten vorwiegend im Sommer bei vollem Blattgrün und seitlichem Sonnenstand erfolgen. Die Farbverfremdungen liegen z. B. beim Chlorophyll-Grün der Vegetation im Rot. Das heißt, alle Grüntöne bekommen rötliche Tönung. Der blaue Himmel wird tiefschwarz abgebildet, vor dem die Sommerwolken rein-weiß und plastisch erscheinen. Ansonsten werden kalte (bläuliche) Farben in Richtung Gelb verfremdet. Alles in allem: Eine traumhafte Wirkung. Der Film sollte bei –23 °C aufbewahrt und nach der Belichtung sobald wie möglich entwickelt werden. Neuerdings kann er im E-6 Prozeß verarbeitet werden. Empfindlichkeit ca. ISO 200, da kein Code, EV-Wert auf „+2" stellen.

Für ungeduldige Dia-Fans

Hier ist der Polaroid-Sofortumkehrfilm eine Lösung. Nach dem Zurückspulen kann dieser Film im zugehörigen Entwicklungsset innerhalb von zwei Minuten zum projektionsreifen Diafilm entwickelt, in Diarähmchen eingefaßt und als Projektionsbild auf die Bildwand gestrahlt werden. Wann ist solch kurze Zeitspanne bis zur Vorführung von Nutzen? Auf einer Gruppenreise – beispielsweise – kann bereits am Abend im geselligen Kreise im Hotel eine attraktive Vorführung arrangiert werden. Voraussetzung für solche Überraschungen ist nur ein verfügbarer Projektor, etwa als Leihgerät vom örtlichen Fotohändler. Auch bei Kursen und Kongressen, bei Besichtigungen und aktuellen Gelegenheiten sind Sofortprojektionen oft von besonderem Interesse.

Der Berufsfotograf oder das Werbestudio haben mit einer *minilux*, speziell mit diesem Film geladen, sofortige Präsentations- und Korrekturmöglichkeiten für den Auftraggeber.

Die Aufnahme eines sommerlichen Motivs mit einer blühenden Wiese auf Kodak Ektachrome IR „Falschfarbenfilm" mit starkem Orange- oder Rotfilter bewirkt vor allem die Umkehrung der Grüntöne (Blattchlorophyll) in die Komplementärfarben Rot und Gelb-. Damit bekommen wir einen dramatisch-unwirklichen – oft märchenhaften – Charakter, der durch die Akzentuierung des Himmels noch verstärkt wird.

Die Filterhersteller liefern für ihre Filter verschiedene Fassungen: Schraubgewinde und Steckfassungen. Für die *minilux Summarit 40 mm* eignen sich „Aufsteckfilter" mit 35 mm Innendurchmesser. Zu beachten ist dabei ein nicht zu fester Sitz. Vor jedem Einfahren des Objektivs muß das Filter entfernt werden.
Farbfilter der Firma Heliopan/München an der *minilux*.

Leica *minilux zoom* – die einzigartige Neuentwicklung

Wir haben zwar gezeigt, wie man mit der 40 mm-Brennweite der *minilux* durchaus „Porträts“ fotografieren kann. Mit geeigneten Filmen und Ausschnittvergrößerungen sind auch mit jener Kamera hervorragende Studien möglich. Die *minilux zoom* jedoch verbindet das gestaltete Porträt mit der Schnappschußtechnik. Für lebendige Studien daher die ideale, zupackende Kamera.
minilux zoom Einstellung auf 70 mm.
Color Negativfilm ISO 200.

35 mm

70 mm

**„Betreten der Rasenfläche verboten!"
Das hervorragende Zoom-Objektiv der neuen *minilux*-Kompaktkamera dient nicht nur der Bequemlichkeit. Vom gleichen Standpunkt, zum Beispiel aus dem Autofenster heraus, oder bei unzugänglichen Hindernissen ist die anpassungsfähige Brennweite oft das einzige Mittel für gute Bildausschnitte. Links: Zoom 35 mm und rechts: Zoom 70 mm. Ektachrome Elite II Diafilm, ISO 200.**

Die Geschichte der Zoom-Objektive ist geprägt von dem Wunsch der Profis und Amateure, möglichst schnell und kontinuierlich die Brennweite zu verändern und somit den Bildausschnitt ständig neu zu bestimmen. Zahlreiche Kamerakonstruktionen in unterschiedlichen Formaten mit umfangreichen starren Objektivsystemen waren die Vorstufe heutiger Zoom-Kameras und Zoom-Objektive. *)

Die legendären Wechselobjektive der klassischen Leica in vielen Festbrennweiten mit Schraubgewinde und Entfernungsmesser-Kupplung galten in den 30er bis 50er Jahren als Vorbilder für hohe Präzision in der Kleinbildfotografie. Seitdem bemühte man sich um ebenbürtige mechanische Bajonettverriegelungen für den Objektivschnellwechsel. Die optisch-mechanischen Voraussetzungen für hochwertige Zoom-Objektive waren damals noch nicht gegeben. Nur auf dem Kinofilmsektor erschien viel früher, schon im Jahre 1938, die 16-mm-Kamera Siemens F II, ausgestattet mit einem sogenannten „Transfokator"-Objektiv, mit dem Busch-Vario-Glaukar 25 bis 80 mm und entsprechendem Sucher. Mit dieser „Gummilinse" konnten seinerzeit die ersten Fahreffekte gedreht werden.

Aber erst 1963 gab es ein Kleinbild-Zoom-Objektiv aus Japan. Von der Firma Nikon wurde die „Nikkorex" mit variabler Brennweite von 43 bis 86 mm auf den Markt gebracht. Eine anspruchsvolle Zoom-Fotografie war jedoch erst mit den neuen, computergestützten Rechenmethoden möglich. Damit konnte die Anzahl der optischen Elemente verringert, die Baugröße reduziert und eine realistische Preisgestaltung bei höheren Stückzahlen erzielt werden. Große Brennweitenspannen aber sind auch heute noch kein unbedingtes Qualitätsmerkmal – weder bei den Spiegelreflexkameras noch auf dem Kompaktkame-

*) Lieber Leser, dieses Kapitel über die neue *minilux zoom*-Kamera will niemals die Gebrauchsanleitung ersetzen. Wo diese aufhört, dort schalten wir uns im Handbuch mit Praxiserfahrungen sinnvoll ein. Was beide Kameramodelle gemeinsam betrifft, wird an entsprechenden Stellen erwähnt.

Im Design entspricht die *minilux zoom* im wesentlichen der *minilux Summarit*-Kamera. Nur bei ausgefahrenem Objektiv erkennt man die erweiterten optischen Möglichkeiten. Über dem Sucher ist der Blitzschuh angeordnet. Alle weiteren Neuheiten befinden sich im Inneren dieser Kamera.

ra-Sektor. Leitz/Leica hat daher erst relativ spät mit der Produktion hochwertiger Kleinbild-Zoom-Objektive begonnen, als die technischen Voraussetzungen dafür – etwa Mitte der 80er – Jahre gegeben waren. Für die Leica-R-Kameras gibt es inzwischen fünf Spitzenobjektive mit verschiedenen Brennweitenkombinationen und auch mit Apo-Leistung. Sie sind in ihrer Abbildungsqualität derjenigen unserer Leica-Festbrennweiten ebenbürtig. Ein Repräsentant dieser konsequenten Leica-Philosophie ist nunmehr das neue *Vario-Elmar 35–70 mm* in seiner speziellen Variante für die neue Leica *minilux zoom* Kompaktkamera.

Leica minilux zoom – die einzigartige Neuentwicklung

Diese kompakte Kreativkamera ist mehr als nur eine „aufgestockte" und mit *Vario-Elmar* versehene *minilux*. Aufbauend auf den langjährigen Erfahrungen mit dem *minilux Summarit*-Modell konnte nunmehr das außergewöhnliche Kamerakonzept im gleichen eleganten Design technisch verwirklicht werden.

Zwei *entscheidende Merkmale* kennzeichnen die *minilux zoom*:

- ihr speziell gerechnetes 7-linsiges *Vario-Elmar* und
- das externe, leistungsstarke und angepaßte Leica CF Blitzgerät als Zubehör zum eingebauten Kamerablitz.

Beim Aufschieben auf den Kameraschuh ist das Blitzgerät automatisch mit der Elektronik gekuppelt. Damit wird zum einen die Lichtstärke des Zoom-

Auch ohne nasse Füße wurde über das *Vario*-Objektiv der wirksame Ausschnitt spontan bestimmt. Hier wäre eine Blitzzuschaltung nicht sinnvoll, denn das Gegenlicht beherrscht die Szene.

Lichtmessung erfolgte zunächst auf den Himmel, Druckpunkt und sodann Schwenk auf den Bildausschnitt. Entfernung manuell.
***minilux zoom,* Kodak Ektachrome Elite II, ISO 200.**
Aufnahmen: Reiner Giebelhausen.

Objektivs auf hohem Niveau gehalten, und andererseits eröffnen sich ganz neue fotografische Möglichkeiten. So wurde eine besondere Kompaktkamera entwickelt, die in der Kombination von *Vario*-Brennweiten und verstärkter Blitzkapazität besonders den Dia-Fotografen interessiert. Äußerlich ist die Neuschöpfung kaum von der bekannten *minilux 40 mm* zu unterscheiden, weil man alle zusätzliche Technik präzise im bisherigen Titangehäuse unterbringen konnte.

Wie wir sehen werden, wurde die fotografische Spannweite trotzdem um ein Vielfaches erweitert. In diesem Handbuch finden wir in Kurzform einen erstmaligen eingehenden Erfahrungsbericht aus der Praxis mit der „Zoom". Zoom – d. h. genaue Motivausschnitte mit exakter Sucherbildbegrenzung in der gesamten Brennweitenspanne – ist ein ausgesprochenes Diafilmthema, weil im projizierten Bild kein Quadratmillimeter des Dias „verschenkt" werden kann.

Kompaktkameras der mittleren Klassen hatten von jeher Probleme mit den hohen Anforderungen projizierter Dias und mit den Diafilmen aus dem professionellen Bereich. Die geforderte hohe Lichtstärke des Zoom-Systems bei diagerechter optischer

Auch mit aufgestecktem Leica FC Blitzgerät verliert die Kamera nichts an ihrer Eleganz und Handlichkeit.

Mit einem Handgriff am Funktionswähler ist die Kamera schußbereit und das Objektiv auf 35 mm ausgefahren.

Sofort nach Einschalten der Elektronik erfolgt die Einstellung am kleinen rückwärtigen Zoom-Hebel – das Auge bleibt am Sucher.

Leistung war daher stets den professionellen Spitzenklassen vorbehalten und in Kompaktkameras nicht zu finden.

Schon ein Blick durch den Sucher aber läßt erkennen, daß man eine Leica in Händen hält. Die sanfte, absolut konzentrische Zoomfahrt bei fester konturenscharfer Sucherbegrenzung ist für jede subtile Bildgestaltung unerläßlich. Hinzu kommt nun die neue, professionelle Blitztechnik mit der externen – nur bei Bedarf einsetzbaren – Leica CF *Blitzleuchte*.

Dieser leistungsstarke Blitz ist so ausgelegt, daß er den Wirkungskreis vor allem bei Filmen mit geringen ISO-Werten und damit höherer Auflösung erweitert. Der spontane Schnappschuß dagegen wird weitgehend – wie bei der *minilux* – vom eingebauten Kamerablitz automatisch oder manuell bewältigt. Ohne den Zusatzblitz hat die Kamera die vom bisherigen Modell gewohnten Ausmaße, wenn man von der etwas hervorstehenden Objektivfassung bei eingefahrenem Zustand absieht (dafür ist die Frontlinse vertieft angeordnet, mit Sonnenblendenwirkung). Beim Ansetzen des Leica CF Blitzgeräts wird zudem automatisch die Doppelblitzfunktion ausgeschaltet, weil sie bei dem größeren Abstand Blitz/Objektivmitte keine „roten Augen" mehr befürchten läßt.

Was bietet die „Zoom" weiterhin?

Eigentlich gehört zu dieser neuen Leica gleichzeitig auch das aufsteckbare Leica FC Blitzgerät. Doch gehen wir einmal davon aus, daß es zunächst bei der Anschaffung der „Kamera pur" bleibt.

Was bekommt man im Vergleich mit der *minilux 40 mm* noch hinzu ?

1) Eine vereinfachte EV-Eingabe über die EV-Taste,
2) eine Zeitbelichtungsschaltung mit der Eingabe „T" für Langzeit mit und ohne Blitzzuschaltung über die EV-Taste,
3) Zubehörschuh mit TTL-Kontakten, auch für andere Blitzgeräte mit TTL-Fuß geeignet(der Kamerablitz der *minilux zoom* schaltet dabei automatisch aus),
4) Rastknopf am Funktionswähler für unabsichtliches Verstellen einer manuellen Fokussierung,
5) gleichbleibendes Sucherfeld bei jeder Zoom-Stellung
6) und natürlich das eingebaute *Vario Elmar 35–70 mm*.

Die besonderen technischen Funktionen der neuen minilux zoom

Eine ergonomische Anordnung und Ausformung der Bedienelemente hat sich bereits bei der *minilux* bewährt. Deshalb wurden auch bei der *minilux zoom* die Tasten und der handsame Funktionswähler weitgehend beibehalten. Das eventuell noch aufgeschobene Blitzgerät „Leica CF" sitzt auf dem Zubehörschuh etwas erhöht, so daß die Programmtasten leicht zugänglich bleiben.

Mit einer kleinen Linksdrehung am Funktionswähler ist die Kamera für alle Normalfälle sofort schußbereit. Das Objektiv fährt dabei augenblicklich in seine (35 mm-)Ausgangsstellung. Die sehr oft gebrauchte Weitwinkelstellung mit ihrer großen Schärfentiefe ist die ideale Schnappschußeinstellung für unvorhergesehene Situationen mit und ohne Blitz.

Da die mechanische Schutzklappe – wie bei der *minilux* gewohnt – hier entfällt, wurde zum Schutz der Frontlinse eine vergütete Planglasscheibe mit UV-Wirkung eingebaut. Der absoluten Lichtdichte des Zentralverschlusses wurde daher konstruktiv besondere Sorgfalt gewidmet. Selbst stundenlange Einstrahlung direkter Sonne hatte keinerlei Einfluß gezeigt (Test des Autors). Dennoch sollte die *minilux zoom* – wie jede Kamera – nicht unnötig ungeschützt greller Sonne ausgesetzt werden. Die praktische Tasche schützt gegen alle schädlichen Einflüsse.

Hier wieder ein Hinweis: Der Kamerabeutel läßt sich ebenfalls am Gürtel tragen. Als Zweittasche jedoch nimmt der *minilux*-Beutel zur bisherigen Kamera ohne weiteres das wichtigste Zubehör auf: Ministativ, Kabelauslöser und ... auch noch das Leica CF Blitzgerät! Wir haben also alles Wichtige beieinander am Gürtel.

Beim Funktionswähler, den wir bereits kennen, wurde nun bei der *minilux zoom* auf die manuelle Blendenschaltung verzichtet. Die manuelle Fokussierung ergänzt, wie bereits erörtert, die Autofokusfunktion und ist automatisch fixiert – gegen unbeabsichtigtes Verstellen. Besonders griffig und „daumensympatisch" liegt der Zoom-Hebel an der Kamerarückseite und ist auch beim Anschlag (Sucherdurchblick) spielend zu bewegen. Schauen wir uns die beiden Neuerungen der Leica *minilux zoom* jetzt einmal genauer an.

*Das Vario Elmar *)*

Nur ganze 8 mm mehr an Platz braucht das *Vario Elmar* in der Tiefe des Kameragehäuses bzw. in der optischen Achse. Die größere Anzahl der Linsenelemente und der zusätzliche Zoom-Motor konnten vollständig in die Kamera verlegt werden. Das *Vario Elmar* selbst ist eine angepaßte Variante der bewährten *Vario*-Objektive der Leica R-Kameras, die seit Jahren dort die Festbrennweiten sinnvoll ergänzen und im Test bekannter Fachzeitschriften excellent abschneiden.

Für die *minilux zoom* wurde nun eine spezielle Bauform von den Optikern bei LEICA gerechnet, die den Kompaktforderungen auf Leica-Niveau entspricht. Daraus resultiert nunmehr ein Objektiv mit optimaler Leistung und kleinstmöglicher Bauweise, ohne Kompromisse. Die Lichtstärke verändert sich von 1 : 3,5 bei 35 mm Brennweite automatisch beim Zoomen auf 1 : 6,5 bei 70 mm Brennweite. Damit wird auch in dieser Kurzbauweise die gleichbleibende Bildqualität über alle Brennweitenbereiche gewährleistet. Auch die Schärfentiefe bewegt sich in Werten, die unabhängig von der Einstellung ihre brennweitengemäße Spanne behält.

Eng im Zusammenhang mit dem Objektiv steht der Kameraverschluß. Als Zentralverschluß liegt er in der optisch günstigen Ebene, nahezu im Schnittpunkt des Strahlengangs – ähnlich wie beim *Summarit 40 mm* der *minilux*. Damit wird jede Verschlußvignettierung ausgeschlossen, welche in manchen anderen Kameras trotz relativ guter Objektive zu Randvignettierungen führt. Dabei

**) Der Linsenschnitt findet sich auf Seite 7.*

Zur manuellen Fokussierung wird der zentrale Rastknopf gedrückt. Nach Loslassen des Knopfes bleibt die eingestellte Entfernung fixiert gegen unabsichtliches Verstellen.

konnte die Frontlinse so tief in das Innere der Objektivfassung verlegt werden, daß diese eingebaute Gegenlichtblende die Brillanz der Aufnahmen nochmals erhöht. Die automatische Fokussierung des Objektivs über Infrarot-Autofokus erfolgt beim Auslösen – wie auch die von Hand vorprogrammierte Metereinstellung – am Funktionswähler. Wann die manuelle Fokussierung angebracht ist, wurde bereits für die *minilux* auf Seite 46 demonstriert. Die Brennweite bzw. Zoom-Einstellung wird mit dem Daumen exakt gewählt. Wer mit dem rechten Auge über den Sucher visiert, hat einen kleinen Vorteil. Er kann besser zoomen, weil die rechte Kameraseite bzw. der Zoom-Hebel nicht vom rechten Auge beeinträchtigt wird. Aber all dies ist Gewohnheit und mindert nicht die Schußbereitschaft.

Da aus optisch-mechanischen Gründen auf manuelle Blendeneinstellung verzichtet wurde, dient der Rändelring des Funktionswählers mit seiner „OFF"- und „AF"-Rastung hier gleichzeitig zum Einschalten der Elektronik. Wir können uns darauf verlassen, daß bei jeder Zoom-Stellung – ob auf 35 mm, 40 mm, 50 mm, 60 mm oder 70 mm ausgefahren wurde – immer die volle Einstellschärfe des optischen Systems verfügbar ist. Wir haben ein Zoom-Objektiv, das auch bei voller Öffnung seine hohe Leistung bringt.

Damit auch in den gedruckten Leistungsproben etwas davon spürbar wird, haben wir einmal jenseits aller wissenschaftlichen Labortests einen Vergleich mit einem anderen Mittelklasse-Zoom-Objektiv aufgenommen und stellen diese Schwarzweißaufnahmen auf hochauflösendem Film ganz unvoreingenommen gegenüber. Dieser kleine Praxis-Test des *Vario Elmar* im Vergleich, den jeder nachvollziehen kann, erhebt keinerlei Anspruch auf wissenschaftliche Kompetenz. Dennoch zeigen die Aufnahmen in den Randzonen des Formats bei starker Vergrößerung deutlich die Auflösung und Kontrastleistung des *minilux zoom*-Objektivs bei mittlerer 50 mm-Einstellung.

Das Vario Elmar im Schärfevergleich

Unser Situationsfoto zeigt die beiden Testobjekte an eine Mauer geheftet. In der Randzone des erfaßten Formats wurde ein einfaches Testtäfelchen im Format 10 x 14 cm befestigt. Die Schriftmontage in der Mitte diente zum Vergleich der zentralen Abbildungsleistung, die naturgemäß bei jedem Objektiv im Mittelteil besser ist. Hier wurde diese Grafik jedoch nicht vergrößert abgebildet.

Zwei im Vergleich stehende Zoom-Objektive wurden annähernd auf etwa 50 mm ausgefahren. Kleine Brennweitendifferenzen waren dabei nicht zu vermeiden. Belichtet wurde bei diffusem Tageslicht auf Kodak Technical Pan 25 Schwarzweißfilm. Die Blitzaufhellung wurde abgeschaltet. Die starken Ausschnittvergrößerungen nur des winzigen Testtäfelchens mit seinen sich verdichtenden Strichlagen betrugen in den Fotooriginalen ca. 50 x 75 mm und wurden annähernd 1 : 1 abgedruckt. Der Abbildungsmaßstab entspricht ca. 16fach linear.

Testanordnung (Ausschnitt)

Bild unten links:
Mittelklasse-Zoom-Kamera
Testaufnahme Nr. 1: ca. 1/30 sec.

Bild unten rechts:
minilux zoom
Testaufnahme Nr. 2: ca. 1/30 sec.

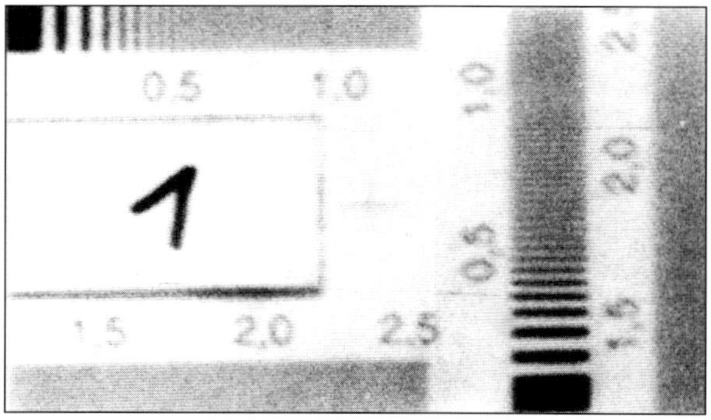

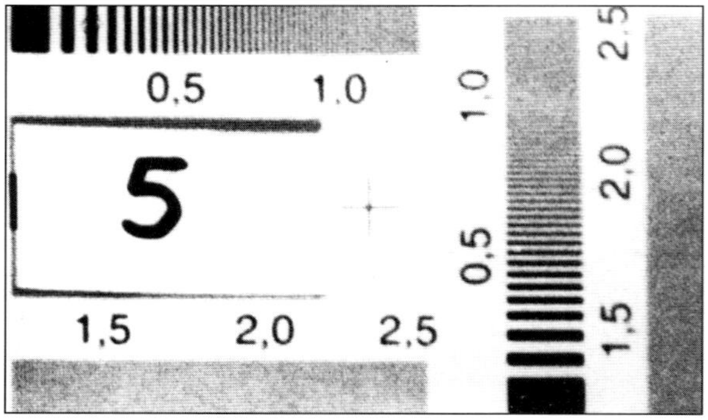

Testaufnahme Nr. 1
Mittelklasse-Zoom-Kamera mit 35–70 mm-Objektiv-Aufnahme mit Autofokus und automatischer Belichtungsmessung (Blende ca. 1 : 4,5) bzw. volle Öffnung.

Testaufnahme Nr. 2
minilux zoom
Autofokus und automatische Belichtungsmessung ergaben bei 50 mm-Auszug ebenfalls etwa eine Blende von 1 : 4,5 und entsprechen somit den Bedingungen von Test Nr. 1.

Aus den beiden Vergleichsaufnahmen geht deutlich hervor, daß bei der Abbildung eines Mittelklassen-Zoom-Objektivs bei annähernd offener Blende in den Randzonen keine besondere Schärfeleistung zu erwarten ist. Erst bei stärkerer Abblendung ergibt sich auch dort eine bessere Bildqualität und eine brauchbare Abbildung. Die zweite Aufnahme mit der *minilux zoom* und gleicher Zoom-Einstellung (50 mm) zeigt bereits bei ebenfalls automatisch ermittelter Blenden/Verschluß-Kombination und nach Messung ebenfalls voller Öffnung auch in den kritischen Randzonen schon eine hervorragende Schärfeleistung und bessere Kontrastwiedergabe.

Der veränderbare Bildausschnitt

Wenn wir durch den Sucher schauen und dabei mit dem Zoom-Hebelchen spielen, so erleben wir im kontinuierlich scharf umgrenzten Sucherbild das

Der fotografische Begriff des „Fluchtabstands" gilt nicht nur für Tiere in freier Wildbahn. Menschen, und vor allem Kinder, vergessen den Fotografen schnell, wenn er sich auf Distanz hält.
***minilux zoom* 70 mm, Ilford HP 5 ISO 400 Schwarzweißfilm, Autofokus und Autoblitz (kamera-intern).**

Heran- und Zurückfahren des gezoomten Bildausschnitts besonders eindrucksvoll. Auch Schnappschüsse von dynamisch ablaufenden Situationen bewältigen wir bildwirksamer mit dem schnellen Motor-Zoom. Er fährt innerhalb von 2,5 sec. von 35 mm auf 70 mm und zurück. Der stets identisch sich angleichende Sucher ist bereits für sich ein optisches Meisterwerk. Exakt begrenzt kann das Motiv in allen Einzelheiten beurteilt und definiert werden.

Für Brillenträger stehen wie bei der *minilux* verschiedene Korrekturlinsen zur Verfügung. Das Meßfeld für die Fokussierung bleibt ebenfalls in jeder Zoom-Stellung deutlich und kontrastreich erkennbar. Deshalb empfinden wir es als besonders angenehm, mit der verfügbaren Brennweitenspanne kreativ unser Motiv auszuloten und optimal zu erfassen. Millimetergenau auf Fingerdruck läßt sich der sensible Zoom-Motor regulieren. Auch diese Feinfühligkeit ist eine Leica-gemäße Eigenschaft und bei vergleichbaren Zoom-Kameras durchaus nicht immer zu finden.

Wenn wir nochmals auf unsere Simultan-Übungen mit der *minilux 40 mm* zurückkommen, so ist zu empfehlen, solche Motivvariationen auch mit der Zoom-Fahrt zunächst wieder ohne Film zu trainieren.

Überraschend werden die sich verändernden Bildausschnitte jeweils neue Eindrücke vermitteln. Das ist die beste Schulung für fotografisches Sehen und bildwirksames Erfassen der Motive.

Was bedeutet „Fluchtabstand"?
Den Begriff „Fluchtdistanz" entlehnen wir aus der engagierten Tierfotografie. Für den ernsthaften Tierfotografen ist die lange Brennweite und damit der sichere Kameraabstand entscheidend für authentische Tierdokumente. Aber auch im normalen Bereich sollten wir einmal mit fest eingestellter längster Brennweite (70 mm) auf Motivjagd gehen. Aus größerer Entfernung läßt sich erfahrungsgemäß das lebendige Geschehen, draußen und drinnen, viel ungezwungener einfangen als aus kürzeren Distanzen. Aufsichtsbilder (Papierabzüge) lassen sich in Grenzen auch nachträglich noch vergrößern. Bei Dias aber sollte der Ausschnitt schon bei der Aufnahme exakt ermittelt werden, eben weil das Projektionsdia nicht mehr verändert werden kann. Doch dies ist nur ein Teil der mannigfaltigen Möglichkeiten, die uns das Zoom-Objektiv, das *Vario Elmar* beschert.

Zoomen ist mehr als nur Heranholen

Es gibt eine optische Gesetzmäßigkeit, die besagt, daß die Abbildungsgröße sich in Relation vom Nahbereich zum Fernbereich verändert, wenn Brennweite und Aufnahmeabstand verändert werden. Für die Praxis heißt das: Wir können mit dem

Zoom-Objektiv und entsprechendem Abstand die Perspektive beeinflussen. Damit haben wir ein manchmal unbekanntes und doch recht wirksames Mittel zur Bildgestaltung in der Hand. Am besten läßt sich dies durch unsere Vergleichsaufnahmen belegen.

Unser Skulpturmotiv soll dazu dienen, das Spiel mit der beeinflußten Perspektive zu demonstrieren. Mit der Weitwinkelbrennweite nähern wir uns der Skulptur, bis sie mit ihrem Sockeloberteil im Sucher fast die ganze Bildhöhe einnimmt, und machen eine Aufnahme. Nun stellen wir unser Objektiv auf vollen Auszug (70 mm) und entfernen uns so weit, bis die Figur mit ihrem Sockelteil wieder die ganze Bildhöhe ausfüllt, d.h. in gleicher Größe wie vorher im Bild erscheint. Es folgt die nächste Aufnahme.

Schon beim Blick durch den Sucher bemerken wir, wie sich der Hintergrund im Größenverhältnis zur Skulptur stark verändert hat. Blieb das Schloßgebäude beim Weitwinkel unbedeutend als Staffage in der Ferne, so rückte es die Tele-Zoom-Einstellung wirksam heran, so daß die Fassade nun die Figur fast überragt. In ähnlichen Fällen läßt sich allein mit der Standortwahl die Perspektive erheblich beeinflussen. Beispielsweise ergeben sich erstaunliche perspektivische Wirkungen, wenn Personen im Vordergrund mit der Tele-Zoom-Einstellung plötzlich vor einer verdichteten Umgebung stehen: ein Reisebegleiter vor gigantischem Gebirgsmassiv, ein Surfer oder Segler im Meer vor haushohen Wellen, die in Wirklichkeit niemals so gewaltig gewesen sind.

Aber auch umgekehrt ergeben sich interessante Effekte: Der Angler am kleinen See sitzt nunmehr bei 35 mm-Weitwinkel-Einstellung vor einer weiten Wasserfläche, die Eisportion auf dem Cafetischchen im Vordergrund steht dominierend vor dem Panorama der bizarren Meeresbucht. Natürlich können mit dem Zoom auch unzugängliche Motive wie beim Blick durch ein Fernglas herangeholt werden, wenn etwa Zäune, Gitter, Hügel oder Flüsse unüberbrückbar sind.

Mit dem Blick des Objektivs

Wer seine *minilux zoom* in der Tasche mitführt, wird sich bald angewöhnen, die Motive nach ihren optischen Möglichkeiten zu beurteilen. Die veränderte Perspektive kann zum bildbestimmenden Faktor werden und bezieht sich nicht nur auf Architektur, wo ja die Perspektive offensichtlich ist. Mit dem Zoom-Objektiv werden wir auch weitgehend unabhängig von den äußeren Verhältnissen und können im wahrsten Sinne des Wortes aktiv ins Geschehen eingreifen. Wir verlassen uns dabei nicht allein auf die Zoom-Einstellung, sondern bringen auch den Kamerastandpunkt, den Aufnahmewinkel und die Lichtstimmung mit ins Spiel. Erst dieses Zusammenwirken der vielen optischen Möglichkeiten läßt einen gewöhnlichen Schnappschuß zum attraktiven Lichtbild werden. Solches aber streben wir letztendlich an – mit unserer *minilux zoom*.

Linke Seite, links:
Weitwinkel-Zoom und Abstand von der Skulptur so weit, bis diese etwa die Bildhöhe ausfüllt.

Linke Seite, rechts:
Zoom etwa auf 50 mm gefahren und Abstand weiter, bis die Figur wieder gleichgroß im Sucher erscheint.

Rechte Seite, oben:
Entsprechender Abstand bei 70 mm-Brennweite.
***minilux zoom*, Ektachrome Elite II mit ISO 200 Schaltung auf Autofokus, Vordergrund stets mit Autofokus angemessen.**

Bildgestaltung mit der Brennweite

Damit wir uns in diesem Buch über zwei Kameramodelle nicht zu oft wiederholen, müssen wir uns gelegentlich auf Fakten beziehen, die bereits für die *minilux 40 mm* beschrieben worden sind, wo die Verhältnisse übereinstimmen. So auch die Nutzung der geringen Schärfenebene bei voller Öffnung, wie auf Seite 15 erwähnt.

Die zentimetergenaue Infrarotfokussierung beider Kameras erlaubt interessante Bildgestaltung mit geringer Schärfenebene. Bei der *minilux* erfolgte dies einfach durch manuelle Blendeneinstellung auf volle Öffnung. Wie aber ist das bei der *minilux zoom*, die ja keine manuell einstellbare Blende erlaubt?

Wir benutzen einfach einen geringempfindlichen Film und bekommen durch die Automatik Meßwerte, die oft an die volle Öffnung heranreichen. Die verlängerte Brennweite von 70 mm zeigt geringere Schärfentiefe als die Zoom-Einstellung mit voller 35 mm-Öffnung. Was vorher mit der *minilux* schon demonstriert worden ist, kann bei der *minilux zoom* mit langer Brennweite und ihrer dynamischen Perspektive noch gesteigert werden.

Ein vergrößerter Hintergrund bringt außerdem eine bildmäßige Konzentration, die oft unser Vor-

Stilleben in der Apotheke.
Schon in der Malerei ist das Stilleben stets ein wichtiges Motiv für die kreative Bildgestaltung gewesen. Mit der langen Brennweite läßt sich auch mit der Kamera der Hintergrund durch Unschärfe deutlich vom Objekt davor trennen und eine malerische Wirkung erzielen.
***minilux zoom*, 70 mm Auszug, mit kleiner Leuchte von rechts und Aufhellschirm von links beleuchtet.**
Ilford FP 4 Schwarzweißfilm ISO 125. Stativaufnahme „B" (Zeitbelichtung).

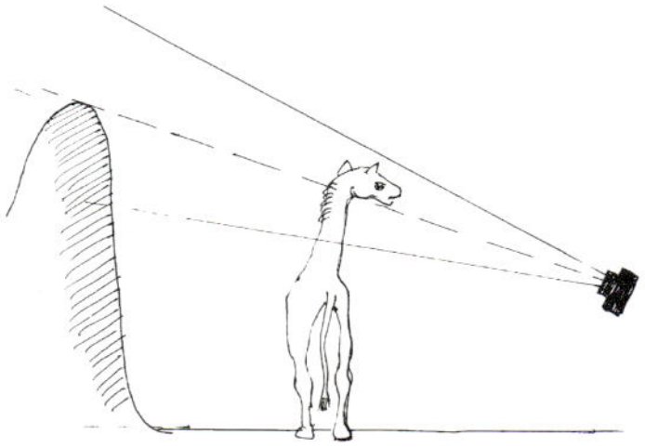

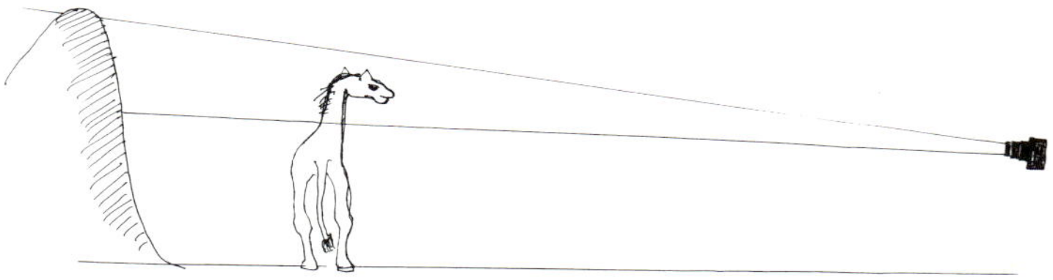

Bilder oben:
Über die „Augenhöhe" kommen wir selten hinaus. Dabei treten oft Hintergrundkonturen störend in Erscheinung. Um einen zu steilen Bildwinkel aus der Nähe zu vermeiden, arbeiten wir mit langem Zoom (70 mm) und können so bei größerer Entfernung trotzdem den Kopf des Dromedars bildfüllend aufnehmen und die Gebirgskontur höherlegen, so daß sie außerhalb des Bildes bleibt.

Aufnahme links: *minilux zoom* auf 40 mm eingestellt (Simulation einer Festbrennweite),
Aufnahme rechts: *minilux zoom* auf 70 mm ausgefahren.
Kodachrome 64 Diafilm, diffuse Beleuchtung.

Schematisch:
Die Skizzen zeigen die Situation und den Kamerastandpunkt der beiden Dromedarköpfe schematisch.

dergrundobjekt noch wirksamer isoliert. Es ist sinnvoll, sich ein gewisses „Zoom-Sehen" anzueignen, auch ohne permanent durch den Sucher zu schauen. Erfahrungen aus der Praxis: Die Konturen einer stark differenzierten Landschaft mit unruhiger Horizontlinie verschwinden bei 70 mm-Objektiveinstellung über dem Bildrand und bringen einen Hintergrund als Flächenstruktur. Auch eine detailreiche Struktur mit „Mosaikwirkung" in der Ferne bei 35 mm-Einstellung kann mit ihrem „Teppichcharakter" zur Verdeutlichung des Vordergrundobjekts beitragen. Schon aus diesen beiden Beispielen ersehen wir, wie sinnvoll für die Bildgestaltung das Zoom-Objektiv sein kann.

Eine kurze Story für Leute, die mit ihren Aufnahmen zuweilen unzufrieden sind:

Tieraufnahmen und *Vario*-Objektiv gehören zueinander, weil sich Tiere nur selten an die richtige Stelle kommandieren lassen.
Der Autor möchte den Lesern das magere Ergebnis seiner 45fachen Bemühungen um eine spritzige Seehundaufnahme nicht vorenthalten – zum Ansporn, es in ähnlichen Situationen, doch besser zu machen.
Links einer der Fehlschüsse (verrissen) und rechts ein halbwegs richtig mitgezogener Schnappschuß.
***minilux zoom* 70 mm Ektachrome Elite II ISO 400.**

Kleine Erfahrung im Zoo. Leicht bewegte dunkelgrüne Wasserfläche im Becken der elegant schwimmenden Seehunde.

Der alte Familienvater der Clique zieht unablässig seine gleichförmigen Kreise: Heranschwimmen, kurz auftauchen, wieder eintauchen, unter Wasser wenden, zurückschwimmen, wenden, wieder heranschwimmen und an etwa der gleichen Stelle wieder auftauchen, und das im Einminutenrhythmus.

Am Beckenrand steht der verzweifelte Fotograf mit seiner *minilux zoom*. Wie sollte er dieses kurze Auftauchen auch nur einmal in einem brillanten Schnappschuß festhalten?

Das geschmeidige Tier hat zwar seinen Rhythmus, dennoch war der Seehund keine Maschine, die immer exakt an genau derselben Stelle zu erscheinen beliebt. Vielmehr war es mal kurz vor dem imaginären Punkt im Wasser, mal dahinter, mal weiter entfernt usw. Es passierte stets etwa in einem Meter Umkreis der infragekommenden Wasserfläche. Nur für den Bruchteil einer Sekunde erschien dann der bärtige glitzernde Kopf, die Bugwelle schäumte im Gegenlicht und dann war wieder nur noch grünes Wasser im Sucher. Für Autofokus viel zu kurz, der ja ohnehin bei homogenen Flächen ausfallen muß. Die 70 mm Zoom-Einstellung und die notwendige kurze Verschlußzeit ergeben aber Blende 8, das heißt exakte Fokussierung! Keine Kamera der Welt meistert solches auf Anhieb. Der Fotograf wollte es aber erzwingen.

Zunächst: Höchstempfindlicher Diafilm in der Kamera... und Vertrauen auf das Programm, d. h. auf mehr Schärfentiefe durch höhere ISO-Werte.

Nach Kenntnis der betreffenden Auftauchstelle (Wahrscheinlichkeitsgesetz) diente der seitliche Beckenrand, wo die Kehrtwendung erfolgte, als Fixpunkt, der mit Druckpunkt angemessen wurde. Schwenk zurück zur Auftauchstelle. Druckpunkt halten. Abwarten. Auftauchen – Schuß, abwarten. Auftauchen – Schuß, abwarten.

Auftauchen – Schuß ... und so fort, 45mal. Eineinhalb Filme und nur eine halbwegs befriedigende Aufnahme als Ergebnis. Das ist engagierte Fotografie!

EV-Korrekturen und Zoom

Zur „Hohen Schule" der Fotografie gehört auch die Bildgestaltung mit Brennweite plus Helligkeitsvarianten. Da die EV-Korrektur unabhängig vom gezoomten Bildwinkel arbeitet, wird bei der Betonung der Lichtwerte nach Plus oder Minus jeweils das Umfeld außerhalb des Bildausschnitts berücksichtigt oder ein erweitertes Umfeld mit in die Korrektur einbezogen.

Wie wir bereits vorne erfahren haben, mißt die Kamera einen Durchschnittswert der Motivhelligkeit. Wir sollten nun auch unsere Zoom-Einstellung berücksichtigen, wenn wir eine Helligkeitskorrektur vornehmen. Ganz ohne empirisches Vorgehen (Belichtungsvarianten) geht das kaum. Die Kamera mißt die Helligkeit auch außerhalb der Sucherumgrenzung. Bei ausgewogener Helligkeit reflektiert ein Motiv mittleren Kontrasts etwa 20 % des einfallenden Lichts. Die Belichtungsmessung der Kamera arbeitet bei mittlerem Motivkontrast optimal und ergibt durchschnittlich ausgeglichene Negative bzw. Diapositive.

Dieser elektronisch gesteuerte Ausgleich ist jedoch keineswegs immer bildmäßig erwünscht. Auch dem subjektiven „Augeneindruck" entspricht ein derart voll ausgeglichenes Foto durchaus nicht immer. Trotz der biologisch bedingten Akkomodationsfähigkeit des menschlichen Auges wollen wir diese technologische Nivellierung der Kamera keinesfalls immer akzeptieren, sondern möchten vielmehr eine Möglichkeit haben, die Helligkeit (besonders bei Diafilm) nach unserem Empfinden korrigieren zu können.

Manchmal also möchten wir den natürlichen Eindruck im Foto nach der einen oder anderen Richtung beeinflussen, um eine angestrebte Wirkung zu erzielen. Dazu dient die EV-Taste. Beim Eintasten der Belichtungskorrektur zwischen + 0,5 bis +2,0 und –0,5 bis –2,0 steht uns eine Skala der individuellen Anpassung zur Verfügung. Bei kontrastreichen Motiven, die in sich starke Helligkeitsunterschiede haben, lohnt es sich, mehrere Aufnahmen mit unterschiedlichen EV-Werten zu machen. Bei der späteren Beurteilung dieser Aufnahmen werden wir interessante Entdeckungen machen. Einmal ist eine etwas knapp belichtete Aufnahme der Favorit, ein andermal wird es eine nach Plus korrigierte Aufnahme sein.

Als Regel diene: Besser eine Kontrastverstärkung als eine „Versoßung" wirksamer Helligkeitskontraste. Mehrere Varianten sind daher der Tribut an unseren Ehrgeiz, ausdrucksstarke Resultate durch gesteuerte Belichtung zu erzielen. Fotografie ist nicht nur „korrekte" Dokumentation, sondern auch die Nutzung der Kameratechnik für interessante und eindrucksvolle Fotos.

In der Manege des kleinen Zirkus war das Temperament des Clowns nicht zu bändigen. In Sekunden wechselte die Distanz zwischen 2 m und 10 m. Mit fixierter Brennweite auf 70 mm wurde ein ganzer Film verbraucht.
***minilux zoom*, Autofokus, Iford HP 5 ISO 400 Schwarzweißfilm. „Blitz OFF" (abgeschaltet).**

Sequenzen mit Zoom-Technik

Die Bequemlichkeit des motorischen Filmtransports ist nicht umstritten. Doch viel zu selten wird die Motorschaltung wirklich genutzt. In Verbindung mit dem Zoom hat sie erst ihre volle Berechtigung.

Die Schußfolge (ohne Blitz) liegt zwischen einer und zwei Sekunden. Natürlich, professionelle Kameras bieten höhere Frequenzen. Aber für die Dimension einer Edelkompaktkamera mit ihrem Batteriestrom von nur 3 Volt ist diese Bildfolge schon eine hohe Leistung, zumal sie ja nur gelegentlich gebraucht wird. Wie kann die Reihenbildeinrichtung speziell in Verbindung mit dem Zoom-Objektiv noch effektiver genutzt werden?

Als Vorbild dienen uns gelegentlich gute Fernsehdokumentationen. Sehen wir uns diese einmal bewußt auf ihre Dramaturgie und den Schnitt an. Wir beobachten, wie die Fernsehkamera ständig den Ausschnitt wechselt – wie die Information dies fordert. Zunächst bringt sie einen Überblick über Ort und Umfeld des Geschehens und nähert sich sodann

Gruppenaufnahmen bei unveränderter Distanz werden noch lebendiger, wenn sie mit dem *Vario*-Objektiv in Sequenzen geschossen werden. Dabei erfaßt der veränderte Bildausschnitt zwischen 35 und 70 mm interessante Szenen und belebt die Bildfolge mit Großaufnahmen.
***minilux zoom*, Blitzzuschaltung mit internem Kamerablitz, Agfacolor RSX 200 Negativfilm.**

schrittweise den Details, den Menschen, Köpfen und Händen in Großaufnahmen, um schließlich zwischendurch wieder eine „Totale" einzublenden.

Lernen wir aus den souveränen Fernsehbildfolgen und wenden wir sie mit unserer *minilux zoom* bei unseren eigenen Bildserien und Reportagen sinngemäß an. Die optische Konzentration auf eine Szene, auf einen Vorgang wechselt über Weitwinkel-„Totale" und Übersichten. Wir vermitteln mit einer solchen Fotoserie eine eigene Rhythmik, die später als Bildmontage oder Dia-Projektion mit ihrer wechselnden, spannenden Dynamik großes Interesse hervorruft.

Wo finden sich Motive für gezoomte Reportagen? Beispielsweise auf Kinderspielplätzen, bei Musikfestivals oder häuslicher Musik, auf Sportveranstaltungen, bei Wanderungen oder auch in einer Werkstatt. Dabei wird eine Bildfolge von 10 bis 15 Aufnahmen kaum langweilig, wenn danach nur die besten Schüsse ausgewählt werden. Ein bißchen Übung bei den Zoom-Fahrten mit spontaner Auslösung im richtigen Moment gehört zu den eigenen Zoom-Simultan-Übungen.

Mit vorgewählter Brennweite

Die motorischen und faszinierenden Zoom-Fahrten mit ihrem sanft sich verändernden Sucherbild beflügeln immer wieder zu euphorischen Bildausschnitterlebnissen: entscheidende Kriterien für das „entfesselte Lichtbild". Wir probieren diesen und jenen Ausschnitt, freuen uns über die Weite des 64°-Bildwinkels und die optische Konzentration auf das

Bei manuell vorgewählter Entfernung und eingestellter Brennweite wird die Autofokussierung zwangsläufig ausgeschaltet. Bei Aufnahmen vom Ministativ z.B. auf einem Denkmalsockel kann manchmal das Motiv im Sucher nicht fixiert werden. Bei längerem Zoom-Auszug sollten daher mehrere Aufnahmen mit unterschiedlicher Kameraneigung gemacht werden, wenn eine geringe Filmempfindlichkeit die Freihandaufnahme nicht zuläßt.

Wesentliche mit 50 mm oder über den Schuß aus größerer Entfernung mit dem schmalen 28°-Winkel der 70 mm-Einstellung.

Der bekannte Magnum-Fotograf Henry Cartier-Bresson hat jedoch vor Jahrzehnten bei seiner Leica das 50 mm-Objektiv nur ganz selten gegen eine andere Brennweite ausgewechselt. Sein Argument: Die Normalbrennweite entspricht am besten dem natürlichen Augeneindruck und vermittelt ideale Naturtreue. Seine berühmten authentischen Reportagen, seine einprägsamen Bilddokumente beweisen die Kompetenz seines journalistischen Bildstils. Zudem konnte in den Magnum-Labors durch Ausschnitte die Bildaussage bei Schwarzweiß ja noch weiter verdichtet werden. Cartier-Bresson fotografierte nicht nur mit dem Auge am Kamerasucher, sondern mit dem ganzen Körper. Seine unübertroffenen Fotos entstanden durch körperlich-psychische Anpassung an die Situation. Seine geschulte fotografische Beobachtung war das Geheimnis dieser unvergeßlichen Bilddokumente.

Vor diesem Hintergrund sollten wir uns einmal klarmachen, daß die Technik mit veränderlichen Brennweiten noch nicht sehr alt und erst knapp zehn Jahre verfügbar ist. Nach ersten Experimenten mit großen, kleinen und winzigen Bildwinkeln hat man schon bald erkannt, wie hinderlich oft große Spannen sein können, weil sie selten wirklich genutzt werden und den erheblichen Umfang der Objektive kaum rechtfertigen. Realistisch dagegen erscheinen jene handlichen, vielseitigen und leistungsstarken Zoom-Objektive, wie sie an allen Leica-Kameras heute verwendet werden.

Im Kompaktkamerabereich gibt es bekanntlich variable Objektive weit über die 35–70 mm-Spanne hinaus. Dabei können jedoch die optischen und mechanischen Bedingungen niemals optimal sein. Sie sind meistens Konzessionen an knipsende Amateure. Da sich aber in der Beschränkung die Meisterschaft zeigt, hat man für die Leica *minilux zoom* bewußt und konsequent die Spanne begrenzt, diese aber mit unübertroffener Qualität ausgestattet. Eine derartige Philosophie der variablen Ausschnitte hat sich bewährt, um auch mit der Zoom-Kamera nicht willkürlich, sondern systematisch und sinnvoll zu arbeiten.

Nun kommen wir auf den Punkt unseres Abschnitts: die vorgewählte Brennweite. Es heißt oft, daß mit der zeitraubenden Wahl des Bildausschnitts bei dynamischen Motiven wesentliche Momente verpaßt werden. Wie alles cum grano salis zu verstehen ist, so auch die Anwendung des *Vario Elmar*.

Machen wir uns die Erfahrungen der professionellen Bildjournalisten zunutze und passen wir uns dem etwa voraussehbaren Geschehen *schon vorher* an. Beobachten wir lieber die Szene in ihrer Entwicklung, in ihrem voraussichtlichen Ablauf und fixieren nun den geeigneten Bildausschnitt vorausschauend. Den Kernpunkt der Situation, unseren Abstand, den Ablauf der Dinge, die Lichtwirkung und eventuelle Korrekturen vorher zu ermitteln, ist oft das Geheimnis eines gekonnten Bildjournalismus.

Die richtig gewählte Sucherbegrenzung gehört auch dazu. Der vorher gewählte Bildausschnitt bestimmt somit häufig die schnellere Schußbereitschaft und den Erfolg.

Es gibt kaum ein eleganteres und bei der großen Leistung kleineres Blitzgerät als das Leica CF *minilux*-Gerät. Auch für andere Kameras besitzt es eine entfernungsbedingte Blitzdosierung.

Leica CF – das externe Blitzgerät

Als Novum in dieser Kameraklasse erweitert es den *minilux*-Radius. Beim Aufstecken des speziell für die *minilux zoom* konzipierten Leica CF Blitzgeräts in den Blitzschuh der Kamera wird es automatisch der Kameraelektronik (nach SCA 3501 Standard) angepaßt und übernimmt alle erweiterten Blitzfunktionen in Verbindung mit den TTL-Kamerafunktionen. Auch noch stärkere externe Blitzgeräte sind mit der *minilux zoom* verwendbar. Was bietet das spezielle Leica CF Blitzgerät zusätzlich?

- Stärkere Blitzkapazität – für Zoomaufnahmen bei sehr ungünstigem Licht oder schärferen Filmen, Leitzahl 22 bei ISO 100,
- größeren Abstand Objektivmitte/Blitzleuchte (11 cm) und damit keine „Rote-Augen-Effekte“,
- automatische Anpassung der höheren Blitzkapazität bei unterschiedlichen Aufnahmeentfernungen,
- Trennung des Blitzgeräts von der Kamera für kamera-unabhängige manuelle Blitzausleuchtung bei Langzeitbelichtungen und bei Mehrfachblitzen,
- Kombination mit automatischer Programmschaltung bei hohem Lichtbedarf im Umfeld,
- Verwendung des Blitzgeräts Leica CF auch an anderen Kameras mit TTL-Schaltung und deren Anpassung.

Fotopraxis mit dem externen Leica CF Blitzgerät

Wir müssen einmal davon ausgehen, daß ein Blitzgerät in der Kamera oder zur Kamera immer im strengen Sinne ein fotografischer Kompromiß sein muß. In der Wirklichkeit leben wir immer in vorhandener Beleuchtung und niemals im künstlichen Licht eines frontalen Blitzes.

Die Kamera ist aber nun einmal ein technisches Instrument, welches wichtige vergängliche Augenblicke unseres Lebens herauslösen, einfrieren und dokumentieren soll. Der Kameraverschluß bestimmt die Zeitspanne in Relation zur Bewegung des Objekts. Die 1/60 sec. ist die längste Zeit für Handaufnahmen. Die kürzeste Belichtungszeit mit der *minilux zoom* ist die 1/250 sec. In den meisten Fällen genügen die Lichtstärke des Objektivs und die Filmempfindlichkeit für Aufnahmen ohne Zusatzlicht.

Auch sich nicht allzu schnell bewegende Objekte werden mit diesen Zeiten noch scharf abgebildet. Anders liegen die Verhältnisse bei wenig Licht, z.B. in spärlich beleuchteten Innenräumen, bei Dämmerung oder bei nächtlichen Szenen mit bewegten Menschen, Tieren, Fahrzeugen usw. Hier stößt das lichtstarke Objektiv selbst mit hochempfindlichem Film oft an Grenzen, die eine zusätzliche Lichtquelle erfordern (rote Sucherdiode leuchtet konstant: Blitz).

Die kameraseitig abgestrahlte Blitzbeleuchtung des eingebauten Blitzes hat dabei immer den Nachteil, daß

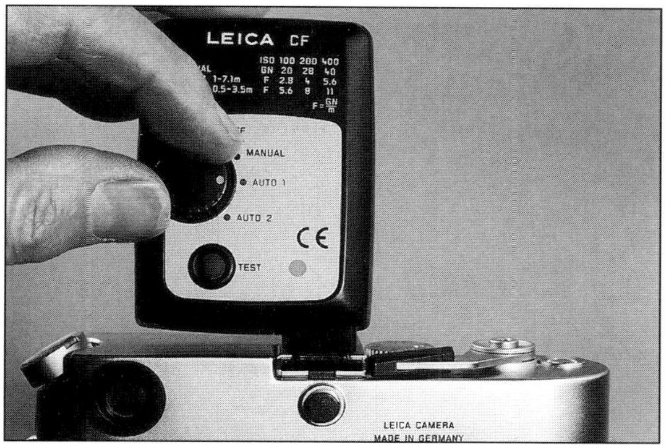

Einstellung auf „Manual“ an der Rückseite des Blitzgeräts kuppelt automatisch mit der Kameraelektronik.

Die Bedienung der MODE-Taste links an der Kamera ist auch bei aufgesetztem Blitzgerät gut möglich.

stets frontales und damit oft unnatürliches Licht die Aufnahmen kennzeichnet. Soweit der Blitz jedoch angemessen und fein dosiert angesetzt wird, erweitert er den Aktionsradius der Kamera (und der Filme) aber beträchtlich und erhält auch meist den natürlichen Eindruck. Ferner läßt sich mit Blitzlicht oft erreichen, daß ein gering empfindlicher Film mit seiner besseren Auflösung und Farbintensität die Bildqualität verbessern kann. An die Frontalbeleuchtung haben wir uns bereits zugunsten einer ständigen Schußbereitschaft bei jeder Gelegenheit gewöhnt. Das Ergebnis solcher modernen Technik sind schlußendlich brillante Aufnahmen, die anders nicht zu bekommen sind, unwiederbringliche Dokumente des Lebens. Das gekuppelte Blitzlicht ist daher ein unumgängliches Hilfsmittel der modernen Fotografie geworden.

Die Industrie hat seit Jahrzehnten dieser Forderung der Fotografen, der Bildjournalisten und schließlich auch der Amateure Rechnung getragen und eine hochentwickelte Blitztechnik geboten. Die bequemste Art immer schußbereit zu sein, bietet der in die Kamera integrierte Kleinblitz, der sich bei Lichtbedarf automatisch zuschaltet und dessen Kapazität ausreicht, Lebewesen und Dinge bei fast jeder Gelegenheit technisch einwandfrei aus freier Hand spontan abzubilden. Aber – wie gesagt – der frontale Blitz neben dem Objektiv hat auch seine Nachteile.

Nicht nur der Effekt roter Augen (abgebildete Retinitis), sondern auch die schattenlose, oft undifferenzierte Frontalbeleuchtung kann manchmal zu einer unnatürlichen flachen Bildwirkung führen – vor allem bei Porträtaufnahmen.

Leica hat als führender Kamera-Hersteller mit der längsten Tradition überhaupt, seit seinem Bestehen, den Ruf, die Fotografie technisch zu vervollkommnen und Wege zur bestmöglichen, vor allem natürlichen Abbildung zu weisen. Heute, im Zeitalter allzu starker Nivellierung, ist die Pflege des harmonisch-vollkommenen Bildes ein besonderes Anliegen von Leica.

Das Ergebnis dieser Tendenz ist nunmehr das *externe* Blitzgerät, das nur bei Bedarf an der Kamera angeschlossen wird und dabei sofort sämtliche elektronischen Funktionen eines integrierten Blitzgerätes übernimmt. Damit konnten drei Forderungen verwirklicht werden:

1) Bequemste Schußbereitschaft unter extremen Bedingungen,
2) unbeschwertes Fotografieren, wenn der Kamerablitz nicht ausreicht, und damit der Einsatz von Filmen mit besserer Auflösung (Diafilme!),
3) kreative Lichtgestaltung mit dem kamera-unabhängigen Blitzgerät bei Zeitaufnahmen vom festen Standpunkt, aus freier Hand geblitzt.

Alle Kameras mit TTL- oder X-Kontakt lassen sich mit dem Leica CF-Blitzgerät bestücken. Wer mit einer Zweitkamera ohne eingebauten Blitz arbeitet, hat somit stets den externen Blitz zur Verfügung.
Leica CF-Blitzer an der Leica M 6 Meßsucherkamera.

Bei Verwendung an einer anderen Kamera mit X-Kontakt bietet die manuelle Einstellung auf der Blitzrückseite zwei Möglichkeiten der Anpassung:
„Auto I" für geringe Aufnahmeentfernungen,
„Auto 2" für größere Entfernungen.

Die minilux zoom-Blitztechnik im einzelnen

Das kompakte Leica CF Blitzgerät ist vornehmlich für die Leica *minilux zoom* vorgesehen, kann aber auch an anderen TTL-Kameras verwendet werden. Seine Leistung ist etwa doppelt so stark wie beim eingebauten Blitzgerät. Bei Schaltung „Manuell" auf der Rückseite bringt es die Leitzahl 20 bei ISO 100-Filmen. Bei Automatikblitzschaltung wird die Blitzkapazität der Entfernungs-/Blendenkombination des Kameraprogramms angepaßt. Wie vom eingebauten Blitz gewohnt, meldet die konstant leuchtende rote Diode am Sucher die Blitzbereitschaft.

Das Leica CF Blitzgerät kann, wie gesagt, auch an anderen Kameras mit TTL- oder X-Kontakt verwendet werden. Die Anpassung an zwei Grundentfernungen in der Praxis erfolgt auf der Rückseite des Geräts. Die elektronische Messung des Blitzgeräts von vorhandenem Licht wird in Relation mit der Blitzkapazität gebracht (TTL-System).

Die von der Meßzelle aufgenommene reflektierte Blitzbeleuchtung (Objektabstrahlung) wird blendenabhängig auf die Leuchtzeit übertragen und die Kapazität somit dosiert.

Die Tabelle auf dem Blitzgerät gibt die jeweilige Aufnahmeentfernung bei entsprechender Blende an, wenn mit der Schaltung „Auto 1" oder „Auto 2" gearbeitet wird. Mit empfindlichen Filmen sind daher durchaus Blitzaufnahmen aus 10 m Entfernung und mehr möglich (Tabelle Seite 11 der Anleitung).

Superlicht in der Gürteltasche

Die Kapazität unseres externen CF-Blitzers reicht aus, um unter gewissen Umständen reizvolle Effekte mit sogenannten „Fernblitzen" zu erzielen. Die Leitzahl (GN oder „Guide Number") läßt sich über unsere Tabellen hinaus ohne weiteres nochmals steigern, und zwar mit hochempfindlichen Filmen.

In der Praxis gibt es Situationen, die bei Nacht eine Blitzausleuchtung von größeren Objekten, etwa

Die große Kapazität des Leica CF Blitzgeräts wirkt auch bei vollem Sonnenschein und dementsprechend harten Schatten selbst bei wenig empfindlichen Filmen genügend aufhellend.

Links: Zur Demonstration ohne Blitzzuschaltung.
Rechts: Mit Blitzzuschaltung am Leica CF Blitzgerät und Autofokus (Druckpunkt).
***minilux zoom*, Kodachrome 25 Diafilm.**

Denkmälern oder Architekturelementen erfordern. Mit Kameras, die einen TTL- oder X-Kontakt besitzen und mit höchstempfindlichem Aufnahmematerial bestückt sind, läßt sich die wirksame Ausleuchtung bis etwa 15 m Blitzentfernung zum Objekt erweitern. Als Beispiele höchstempfindlicher Filmsorten seien die zur Zeit (bei Drucklegung dieses Buches) bekannten Filmsorten kurz genannt: Fujichrome Provis 1600 als Diafilm, Kodak Ektacolor 1000 Gold als Negativfarbfilm und entsprechend noch empfindlicher sensibilisierte Schwarzweißfilme.

Für besondere Zwecke lohnt sich eine Testreihe mit solchem Material, denn hier gelten nicht mehr unsere adäquaten Tabellen. Auch die *minilux zoom* kann ihren Radius erweitern.

Vergessen wir nicht die Möglichkeiten einer Belichtungskorrektur mittels EV-Taste, die nochmals eine Anpassung der Elektronik an schlechte Lichtverhältnisse bewirkt. Mit Eintastung eines EV-Wertes von etwa + 2,0 läßt sich die Kamera auf knappe Lichtverhältnisse einfach programmieren.

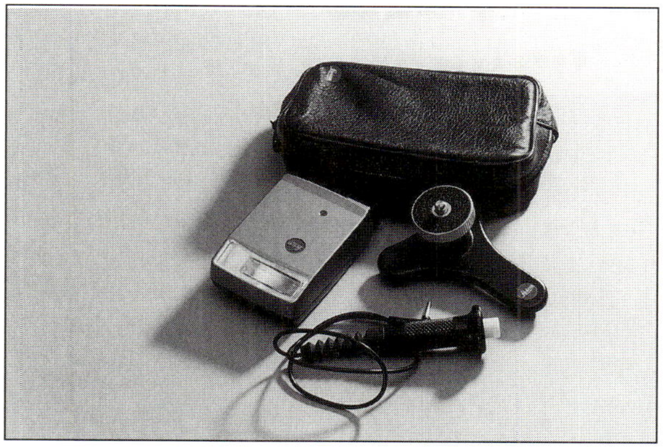

Der praktische und elegante Lederbeutel zur Leica *minilux* eignet sich als Zweittasche (am Gürtel) vorzüglich zur Unterbringung des *minilux*-Zubehörs: Ministativ, Kabelauslöser und CF-Blitzer.

Eine besondere „Zugabe“ zur *minilux zoom* ist die vereinfachte EV-Schaltung mit Eintastung der Langzeitbelichtung „T“. Damit sind Langzeitbelichtungen und Mehrfachblitze auch unabhängig von der Kamera mit dem manuell ausgelösten CF-Blitzer über „Test“-Knopf kein Problem.

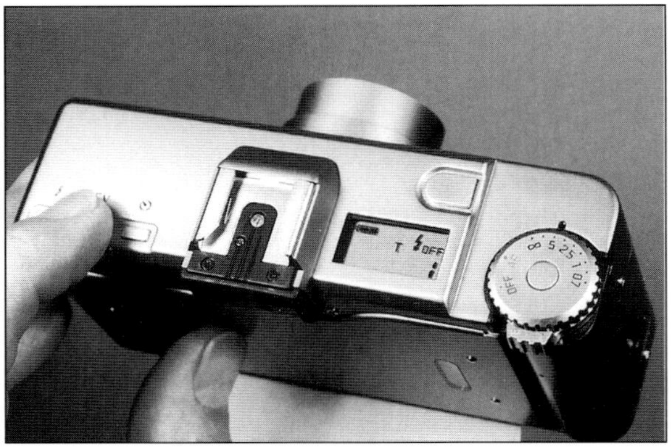

Summenblitze und Wanderblitze

Der Buchstabe „T“, den wir mit der EV-Taste beim Eintasten nach den verschiedenen EV-Werten auf dem LCD-Feld erkennen und sichtbar einprogrammieren, bedeutet „Tempo“, also lateinisch „Zeit“. Drücken wir nun den Auslöser der Kamera, so öffnet sich der Verschluß so lange (höchstens aber 99 Sekunden), bis wir mit nochmaligem Auslöserdruck den Verschluß manuell wieder schließen: Wir brauchen also den Kamera- (oder den Kabel-) Auslöser nicht dauernd gedrückt zu halten und die Kamera währenddessen nicht zu berühren (Verwackelungsgefahr!), wenn eine längere Zeitbelichtung (z.B. bei Nachtaufnahmen) erforderlich wird. Die Aufnahme der alten Linde auf Seite 103 ist nach diesem Prinzip entstanden. Der eingegebene EV-Wert schaltet nach jedem Ausschalten der Kamera wieder ab.

Voraussetzung für derartige Nachtbelichtungen über mehrere Sekunden – oder gar Minuten – ist völlige Dunkelheit. Zur Ausleuchtung unserer nächtlichen Objekte ist das Blitzgerät von der Kamera abgekuppelt und wird über den „Test“-Knopf nach jedem Ladevorgang neuerlich ausgelöst. Zur Erweiterung unserer Blitzkapazität kann 5, 10, 20mal geblitzt werden, wenn das Kameraobjektiv zur Vermeidung eventuell doch vorhandener Lichteindrücke zwischen den Blitzen jeweils mit einem Karton abgedeckt wird.

Wie die Beispiele zeigen, läßt sich das von der Kamera gelöste Blitzgerät während der Blitzfolge auch in seinem Standort verändern. Eine Hilfsperson z.B. (die dunkel gekleidet sein sollte) geht mit dem Blitzer auf das Objekt zu, richtet den Blitz von einigen Seiten und aus verschiedenen Richtungen auf das Objekt und löst dabei ständig den Blitzer aus. Dabei ist allerdings zu beachten, daß die Blitzleuchte immer von der Kamera weg auf das Motiv gerichtet wird, da der Blitz sonst auf das Objektiv fallen würde. Das Resultat manch erstaunlicher nächtlicher Effektbeleuchtung kann uneingeweihte Betrachter leicht überraschen. Mit einem Farbfilm in der Kamera und einigen verschiedenfarbigen Folien im Wechsel vor der Blitzleuchte sind märchenhafte Farbeffekte möglich. Dem Experiment stehen alle Möglichkeiten offen.

Die 350 Jahre alte Linde wurde bei tiefdunkler Nacht geblitzt. Die *minilux zoom* stand auf einem Stativ. Mit der Schaltung „T"/-Blitz „OFF" blieb der Verschluß offen und der Fotograf konnte mit dem Leica CF Blitzer in der Hand um den alten Baum blitzenderweise herumgehen. Ein Assistent hielt während der Blitzpausen (6 sec. Aufladung) das Objektiv mit einem Karton abgedeckt, um eventuelles Fremdlicht abzuhalten. Mit 18 Blitzen war der Baum voll ausgeleuchtet. *minilux zoom*, 35 mm-Einstellung, Ilford SX 2 SW (Mono-Color-) Negativfilm ISO 400.

Ein wertvoller Trick

Auch die raffinierteste Automatik läßt sich zuweilen überlisten. Wir können zum Beispiel mit beiden *minilux*-Kameras recht genau eine Sekunde belichten. Manchmal brauchen wir diese Verschlußzeit – etwa bei schlechten Lichtverhältnissen. Wir programmieren mit der EV-Taste auf „T" (Langzeitbelichtung) und drücken den Selbstauslöser. Bei Sekunde „0" auf der LCD-Anzeige wird der Verschluß genau für eine Sekunde geöffnet und schließt sich danach automatisch. Bei Brennweite 35 mm haben wir dabei die Blende 1 :3,5 und bei Brennweite 70 mm die Blende 6,5 zur Verfügung. Die Blitze bleiben ausgeschaltet. Mit diesen Daten können wir gelegentlich operieren.

Die gehobene Praxis

Kunst kommt nicht von „Können“ – wie vielfach behauptet wird, sondern von „künstlich“. Kriterien für Kunstwerke sind daher immer von Menschenhand geschaffene *Gegenbilder* zur Natur.
Die Kamera ist nun zwar in erster Linie ein Werkzeug für die natürliche Abbildung der Wirklichkeit. Im Laufe der Zeit hat der Fotograf jedoch gelernt, durch bewußte Verfremdung unserer sichtbaren Welt zum gestaltenden *Lichtbildner* zu werden.

In unserem ausführlichen Teil über Bildgestaltung mit der variablen Kompaktkamera geben wir anschließend zahlreiche Hinweise, mit welchen fotografischen Mitteln und Tricks einige Poesie und Transparenz in gewöhnliche Alltagsmotive hineingezaubert werden können.

Unser nebenstehendes Beispiel aus dem Treppenhaus des Münchener Großflughafens ist das Ergebnis einer ganz bewußten „Fehlaufnahme“. Während der kurzen Zeitbelichtung wurde die *minilux zoom* mit Weitwinkelstellung aus freier Hand während der Belichtung mit einem Ruck nach vorn gerissen. Damit steigerten sich die Fluchtlinien des Innenraums. Zentraler Fixpunkt zur Orientierung waren die beiden Personen am Geländer.
Leica *minilux zoom*, Belichtung ca. 1/5 sec.
Autofokus, Autolichtmessung
Agfa APX 25 Schwarzweißfilm.

Akzente

Das Besondere an einer guten Diaschau sind nicht die üblichen Sonnenstrände auf den Urlaubsfotos. Die finden bei den Zuschauern meist nur geringes Interesse, weil sie mit persönlichen Erlebnissen verbunden sind, die ein Fremder kaum nachvollziehen kann. Vielmehr honoriert ein aufgeschlossenes und anspruchsvolles Publikum jene Lichtbilder, die etwas von der Phantasie, von dem geschulten Blick, dem Einfall und dem kreativen Witz des Autors verraten. Das Geheimnis attraktiver Vorführungen oder auch einer Bildfolge auf Papier ist vor allem ein interessantes Thema. Hier sei vor allem auf ein *optisches* oder *bildmäßiges* Thema verwiesen.

Um den Einstieg zu erleichtern, seien hier einige Stichworte dazu aufgeführt: Gegenlichtaufnahmen, Wasserspiegelungen, Tierporträts, alte Gebäude, Lichteffekte, monochrome Farben, Strukturen, Kontraste und nicht zuletzt das optische Erscheinungsbild „Akzente“.

Wenn wir unsere Umwelt einmal mit bewußter Hinwendung zu einer dieser Bildsequenzen betrachten und systematisch auf Entdeckungen gehen, so werden wir erstaunt sein, wie häufig uns Motive mit akzentuierenden Elementen begegnen. Aus einer umfangreichen Bildfolge mit dem Titel „Akzente“ seien einige als Anregung hier wiedergegeben.

Akzente finden wir überall, als Farbdetail, als Farbeffekt, als leuchtender kleiner Aufhänger für eine Komposition. Aber nicht nur im Farbfoto, auch im schwarzweißen Lichtbild kann ein heller oder dunkler winziger Akzent in entsprechender Kontrastumgebung zum wirkungsvollen Inhalt des Bildes werden. Beim Sehen und Erfassen beginnt die gehobene Foto-Praxis. Dazu auch das Schwarzweißfoto auf Seite 104.

Diese drei Beispiele sollen anregen, wie man systematisch ein Thema „Akzente“ aufsuchen und mit der Kamera nach allen Richtungen hin ausschöpfen kann. Es ist erstaunlich, was man dabei alles entdeckt.

Die beiden oberen Fotos wurden mit EV-Korrektur nach „Minus“ gemacht, damit das Umfeld genügend zurücktreten konnte. Aber auch bei „gewöhnlicher“ Beleuchtung finden sich überall Akzente.

Hin und wieder finden wir Plätze, die nur im vorhandenen Licht wirksame Bilder ergeben. Eine alte Werkstätte entfaltet erst im spärlichen Licht, das durch trübe Fenster fällt, ihren Charme und ihre Stimmung.
minilux zoom 35 mm,
Ministativ auf Holzkiste, Ilford HP5 ISO 125, 1/2 sec. belichtet.

Available light (Aufnahmen bei vorhandener Beleuchtung)

Nach vielen Jahren fast unbeschränkter Blitz-Fotografie hat sich eine verschworene Gemeinde „bildbesessener" Profis und Amateure gebildet, die dem geblitzten Bild konsequent den Rücken kehrt. In der Tat kann das Blitzlicht die natürliche Atmosphäre, die Stimmung bei vorhandener Beleuchtung nur selten bildmäßig erhalten, es kann sie sogar zerstören.

Um aber nicht das Kind mit dem Bade auszuschütten, sollte erwähnt werden, daß es zweifellos zahlreiche Situationen gibt, die den Blitz fordern: dokumentarische Aufnahmen, Erinnerungsfotos, Reportagen, vom Porträtschnappschuß bis zur Familienfeier. Doch immer wieder ist unser Kamerablitz mit Problemen konfrontiert. Probleme, die sich vor allem mit der unnatürlichen frontalen Ausleuchtung auseinandersetzen müssen, obwohl wir selbstverständlich auch hervorragende Blitzporträts kennen, wo eben die Blitzdosierung, die Richtung, vorhandene Beleuchtung und eine Servoblitz-Unterstützung gestimmt haben (hierzu gehört auch der externe Blitz zur *minilux zoom*).

Das lichtstarke Summarit in der *minilux* und die bildgestalterischen Möglichkeiten des *Vario*-Objektivs in der *minilux zoom* sind ideale Handwerkszeuge zur Bewältigung reizvoller Aufnahmen auch ohne künstliche geblitzte Hilfe (siehe auch das Kapitel „Film ist nicht gleich Film").

Einige technische Vorbedingungen sind allerdings unerläßlich, wenn wir uns mit der Kamera in solchen lichtmäßigen Grenzbezirken minimaler Helligkeit bewegen. Es geht selten ohne hoch- und höchstempfindliche Filme. Extreme Situationen sind deshalb auch ein besonderes Feld für Schwarzweiß-Materialien der Sonderklasse, die beim Entwickeln bis weit über ISO 3000 gepusht werden können. Dann gibt es keine Grenzen – selbst bei Kerzenlicht nicht. Bleiben wir aber bei den weitaus häufigeren Fällen einer normalen Raumbeleuchtung mit Tageslicht von den Fen-

Bei Serien, die später miteinander verglichen werden, wie hier die Jahreszeiten, empfiehlt sich die Verwendung des gleichen Filmtyps.
Verschneiter Feldweg: Agfa RSX 50 Diafilm.
Alle Aufnahmen mit *minilux Summarit 40 mm*.

stern oder bei lebendig-bewegten Außenszenen bei schlechtem Wetter, Regen, Schneetreiben, Nebel: Dann müssen wir uns mitunter für genügend Schärfentiefe und damit für gewisse Bewegungsunschärfe durch Freihandaufnahmen mit 1/20 bis 1/2 sec. oder einer kürzeren Belichtung bei nur geringer Schärfentiefe entscheiden.

Das Motiv, die Situation diktieren die Methodik. Manchmal bekommt man die besten Resultate erst mit verschiedenen Varianten technischer Möglichkeiten. Nicht zuletzt auch mit der fixierten Kamera mittels fester Auflage oder (mini-) Stativ. Mit einigen foto-psychologischen Erfahrungen können die Menschen vor der Kamera auch zu kurzem Verharren in geeigneter Haltung oder Position veranlaßt werden – etwa bei Aufnahmen in Werkstätten oder Betrieben. Die Stellungen und Haltungen der abzubildenden Menschen sind nicht immer günstig. Oft genügt schon ein wenig Regie, eine kleine Korrektur der Position, und das Antlitz der betreffenden Menschen erhellt sich plötzlich in der vorhandenen Raumbeleuchtung. Wir begeben uns mit der Kamera zweifellos oft in die Gefilde der Malerei. Eine klassische Fotokunst früherer Jahre und moderne Meister der Kamera bestätigen dies ständig.

Zur Fotografie bei natürlichem Licht gehört auch die Schattenaufhellung mittels Reflexschirm. Porträts am Fenster oder auch bei Seitenlicht draußen haben eine relativ ausgeprägte Schattenseite. Ein genügend großer Aufhellschirm, bestehend aus einem mit Alufolie beklebtem Karton (ca. 70 x 80 cm), mildert bei Köpfen oder Gegenständen die harten Schlagschatten sehr wirksam. Das Licht wird weich gestreut, wenn die (Haushalts-) Alufolie zunächst zerknittert, dann glattgestrichen und in diesem Zustand auf einen Trägerkarton geklebt wird. Der wirksame Winkel und der Abstand sind schnell herausgefunden, wenn der Schirm am Stativ befestigt oder von einem Assistenten gegen die Schattenpartie gerichtet wird.

Serien und Sequenzen

Im allgemeinen Sprachgebrauch finden häufig zwischen diesen beiden Begriffen Verwechslungen statt. Mit „Serienaufnahmen“ werden beispielsweise schnell aufeinanderfolgende Abläufe oder Vorgänge bezeichnet, wie man sie mit einer Motorkamera (also auch mit den *minilux*-Modellen) als Bildfolge schießen kann. Grundsätzlich ist diese Definition falsch. Serien sind zeitlich unbegrenzte Bildfolgen mit einem thematischen Zusammenhang.

Fotografische Serien haben oft eine wesentlich gesteigerte Aussagekraft als einzelne Bilder. Wenn zum Beispiel jemand das Thema „Peruanerinnen“ mit verschiedenen fotografischen Porträts dieses Volksstammes bearbeitet und belegt, so kann er durch eine Serie die unterschiedlichen Altersgruppen, die Charaktere, ihren Schmuck, ihre Tätigkeiten intensiver ausdrücken als mit Einzelfotos.

Die Themen für Fotoserien sind praktisch unendlich vielgestaltig wie das Leben selbst. Wer sich mit seiner Kamera auf spezielle Serien einarbeitet, betreibt die Fotografie systematischer, gezielter und thematisch ausgeprägter. Zur konstruktiven Bearbeitung einer Bildserie muß sich der Fotograf meist intensiv mit dem Thema vertraut machen, schließlich in gewisser Weise ein Kenner der Materie werden. Im übrigen macht es Spaß, mit der Kamera ähnlich wie ein Sammler auf manchmal abenteuerliche Trophäenjagd zu gehen.

Nur ein paar Beipiele als Anregung für Serien mit der *minilux*: Kirchenportale, mächtige Bäume, Oldtimer-Automobile, Bauerngärten, landwirtschaftliche Geräte, alte Werkstätten, originelle Schilder, Pferdeköpfe, Pop-Musiker, Volksfeste, Karnevalsmasken, Denkmäler, Wirtshausschilder, Zunftzeichen, Plakate/Plakatfragmente, Werkzeuge, Windmühlen, Ballett-Szenen, Pfeifenraucher-Porträts, Stewardessen (warum nicht?), Marktstände, Grabmale, Spielautomaten, Klingelknöpfe, Blumenfenster usw. Denken wir einmal nach! Mehr als bei Einzelaufnahmen zwingt die Serie den Fotografen zu intensiver Beschäftigung mit dem Sujet – bis hin zu wissenschaftlichen Studien.

Fototechnisch kann zur fotografischen Serie wenig gesagt werden, weil jede Serie ihre spezifischen Anforderungen stellt. Natürlich wird jeder an Serien interessierte Fotograf sich jene Objekte aussuchen, zu denen er eine persönliche Beziehung hat, und dabei über jede Entdeckung und ihre gelungene Dokumentation, die seine Bildersammlung vervollständigt, mit Recht stolz sein. Es braucht wohl kaum darauf hingewiesen zu werden, wie effektiv eine Stück für Stück ergänzte Serie später bei der Vorführung (mit Kommentar) auf der Leinwand wirken kann. Dabei kommt es zuweilen gar nicht auf Vollständigkeit an. Manchmal umreißen schon zehn originelle und typische Aufnahmen das Thema überzeugend.

Nehmen wir eine Bildfolge mit dem Titel „Klingelknöpfe“. Überall – in kleinen und großen Städten, im In- und Ausland – finden wir bei unseren Fototrips originelle und außergewöhnliche alte und neue Namensschilder mit ihren elektrischen Druckknöpfen an den Türen (ein Thema für die *minilux zoom*). Natürlich ist es zweckmäßig, wenn bei Serien in der Kamera stets das gleiche Filmmaterial ist. Sei es, wie es sei: Serien sind als fotografische Aufgabe immer eine anregende und zuweilen aufregende fotografische Tätigkeit.

Der Turmerbauer ist Architekt und beherrscht daher die Statik auch von mehreren hundert Holzklötzchen souverän. Das Werk in seiner Entstehung wurde von der Kamera schrittweise dokumentiert. Steiles Streiflicht verleiht der Modellarchitekatur die erforderliche Plastik und Form. Deshalb wurde immer vom gleichen Standpunkt aus fotografiert. *minilux 40 mm*, Agfachrome RSX 100 Diafilm. Auch ein Thema für das Datenrückteil mit Minuteneinblendung.

Sequenzen oder Bildgeschichten

In die *minilux*-Technik sind winzige Elektromotoren integriert. Diese miniaturisierten Antriebsaggregate sorgen unter anderem auch für den motorischen Film- und Filmrücktransport. Bei durchgedrücktem Auslöser schaltet die Kamera kontinuierlich eine zwei-Sekunden-Bildfolge, auch über das elektrische Auslösekabel. Bei Blitzzuschaltung sind die Intervalle – je nach Batteriezustand – etwas größer (bis 5 Sekunden), aber ansonsten steht die schnelle Schußfolge auch über (längere) Kabelauslösung zur Verfügung. Bei turbulenten Motiven oder Szenen sollte dabei die einmal gewählte Fokussierung per Druckknopfhaltung fixiert bleiben, um die Schußfolge nicht zu verzögern. Weiteres darüber hinaus im Kapitel über die *minilux zoom*-Kamera.

Nicht umsonst bedienen sich professionelle Reporter häufig eines ansetzbaren Kameramotors, um aus dem lebendigen Geschehen – vor allem beim Sport – mit Sicherheit die Höhepunkte zu erwischen. Die *minilux* erreicht zwar nicht ganz diese rasanten Bildsequenzen aufwendiger Reporterkameras, aber der *minilux*-Besitzer ist ja auch nicht unbedingt beruflich derart verpflichtet, den entscheidenden Torschuß einzufangen. Wieviele spannende Augenblicke aber entwickeln sich z. B. unter spielenden Kindern – szenische Momente, die ebenfalls kaum vorhersehbar sind. Der Dauerdruck auf den Auslöser verhilft jedenfalls dazu, das Geschehen, die Handlungsabläufe regelrecht „einzukreisen". Die Kamera läuft im Zwei-Sekunden-Takt. Einwand: Wenn der beste Augenblick nun genau zwischen diesen zwei Sekunden liegt? Dann eben doch situationsgerecht mit Ein-

**Der Blick aus einem venezianischen Café auf die schmale Gasse bot reichlich Gelegenheit zu einer heiteren Sequenz der vorübereilenden Passanten.
Kodachrome 25 Diafilm.**

zelbild schießen. Die Praxis entscheidet die Handhabung.

Die schon zitierten „Blindschüsse" sind ohne Dauerauslösung mit augenblicklichem Richtungs-Standortwechsel und ohne Entfernungskorrekturen kaum denkbar. Nehmen wir zur Kenntnis: Die aufregendsten Pressebilder sind meist das Resultat einer schnellen Schußfolge. Aber selbst ein normales Gruppenfoto von der Reisegesellschaft am Dampfersteg ist erfolgversprechender mit einer 3er- oder 4er-Sequenz-Folge. Erfahrungsgemäß haben in einer Gruppe immer einige Leute entweder ein trauriges Antlitz, gerade geschlossene Augen oder sie sind im Hintergrund verdeckt. Vier Sicherheitsschüsse hintereinander dagegen erhöhen die Trefferquote erheblich. Obwohl die *minilux*-Bildfolge bei vielen Sportmotiven zu langsam ist, vermag sie dennoch einen Eindruck des Bewegungsablaufs zu vermitteln – zugegeben: nicht gerade beim Turmspringen vom Zehnmeterbrett.

Im allgemeinen sind Bildfolgen bzw. -sequenzen überzeugender als Einzelfotos. Schon durch die Medien sind wir an schnell aufeinandergeschnittene Szenen gewöhnt und werden sie als verwöhnter Betrachter auch honorieren. Ein nächtliches Feuerwerk – und davon mehrere Höhepunkte – wie filmisch-lebendig wirkt davon eine Überblendrojektion. Wichtig für den Regisseur: Sequenzen oder Bildfolgen sollten bereits vorher erkannt werden, um den Zusammenhang einzuplanen. Deshalb gehört zur erfolgreichen Bildsequenz unbedingt die psychologische Vorausschau eines sich entwickelnden Ablaufs der beteiligten Menschen, Tiere oder von Vorgängen. Ein eigenes Buch wäre durchaus angebracht: „Psychologie mit der Kamera".

Mitziehen in der Bewegungsrichtung ist die sichere Methode für scharfe Schnappschüsse selbst sehr schneller Objekte. Motorradluftsprünge: MODE-Taste auf „Auto-Blitz", Blende so lange manuell eintasten, bis auf der LCD-Anzeige die 1/400 sec. erscheint, sodann Druckpunkt zur Fokussierung oder manuelle Entfernung und mitziehen.

Die 1/400 sec.

Viele Fotografen betrachten die 1/1000 sec. als unbedingte Notwendigkeit moderner Kameratechnik. Aber nur ganz selten wird diese Verschlußzeit praktisch genutzt oder benutzt. Selbst Sportreporter haben erkannt, daß eine doppelt solange Zeit für fast alle Situationen genügt. Wenn der ins Netz geschossene Ball nicht die volle Konturenschärfe zeigt, so ist die gewonnene Schärfentiefe (eine kleinere Blende z. B.) zur Abbildung der Spieler im Hintergrund oft wertvoller. Aber auch turbulente Spielerszenen vom Platz oder Hundertmeter-Läufer, Hoch- und Turmspringer wirken oft dynamischer, wenn sie nicht von der „Tausendstel" starr eingefroren werden, sondern etwa bei der 1/400 sec. mit all ihren reizvollen Bewegungssymptomen erscheinen. Leichte Unschärfen einiger Körperteile ergeben oft gerade den Reiz dargestellter Bewegung. Ein sehr wichtiges Kriterium für derart dynamische Sportfotografie – und nicht nur für sie – ist die Kunst des Mitziehens. In der Tat: Es ist eine *Kunst*.

Fast jedes (sportliche) Geschehen hat eine dominierende Bewegungsrichtung – sogar der Hochspringer, wenn er sich über die Latte schraubt. Wenn man ihn nun im brillanten Kamerasucher vom Absprung bis hin zum Höhepunkt „mitgerissen" verfolgt, so wird man zweifellos interessante Sportfotos und Bewegungsstudien einfangen. Vornehmlich gleichförmige Bewegungen wie fahrende Autos, Läufer, Schwimmer, Skiläufer und Skispringer sind im Foto ohnehin Resultate eines adäquaten Mitziehens und ermöglichen bereits mit der 1/100 sec. unter Umständen ganz überzeugende sportliche Studien. Im übrigen wird man *minilux*-Besitzer kaum in die Kategorie professioneller Sportjournalisten einreihen. Sie fotografieren ja mehr aus Freude am interessanten Bild und haben keine Zeitungsredaktion im Hintergrund, die für ihre Leser haarscharf „eingefrorene" Fotos verlangt.

Doch als „Kurzzeit-Zauberer" ist der Aufgabenbereich der 1/400 sec. keineswegs schon erschöpft. Die sehr kurze Verschlußzeit dient unter anderem auch zur systematischen Dosierung des bildmäßigen Schärfebereichs. Nicht immer ist eine möglichst weit ausgedehnte Schärfentiefe im Bild erwünscht. Manchmal möchte man ein bestimmtes Motiv mittels geringer begrenzter Schärfentiefe bildmäßig aufgliedern und beispielsweise ein Objekt plastisch vor einem allzu unruhigen Hintergrund isolieren. Dazu braucht man eine möglichst weit geöffnete Blende. Doch die Kameraautomatik errechnet demgegenüber eine Idealrelation von Blende und Verschlußzeit. Wir müssen daher die Automatik mit einem Trick überlisten. Also: Blende manuell zunächst auf 2,4 (oder auch auf 4) mit dem weißen Blendenindex stellen. Die Entfernung ebenfalls manuell auf das Hauptobjekt im Vordergrund einstellen. Im LCD-Feld haben wir die Startposition: Autoblitz. Nun wird die Kamera auf die hellste Zone der Umgebung gerichtet, bis bei mehrfach angetipptem Auslöser die 1/400 sec. erscheint. Der Auslöser bleibt angetippt und das Motiv wird mitsamt diesem ermittelten Verschlußzeit-Wert anvisiert. Auslösen. So bekommen wir eine Aufnahme mit äußerst geringer Schärfentiefe (vor allem im näheren Bereich) und eine schöne Plastik im Tiefenbereich, geeignetes Motiv vorausgesetzt. Je nach Beleuchtungsverhältnissen kann unter Umständen ein geringempfindlicher Film die Wirkung noch steigern und selbst bei Blende 2,4 eine Überbelichtung vermeiden.

Besondere optische „Leckerbissen" sind Wasserspiele, die aus einer Schüssel kaskadenförmig niederstürzen. Die *minilux* kann mit ihrer 1/400 sec. als kürzeste Zeit mit einem Trick konturenscharfe Wasserformen festhalten, wenn man beim Auslösen die Kamera angemessen in Fließrichtung mitzieht.

Aus einer nicht zu knappen Anzahl solcher „Aufnahmen" wird sich zweifellos die eine oder andere schöne Studie auswählen lassen.
minilux zoom 70 mm, Kodak Ektachrome Elite 200 Diafilm, mitgezogen.

Zum Vergleich eine Aufnahme des selben Brunnens. Diesmal wurde bei 1/400 sec. nicht mitgezogen.

„Ritterspiele".

Wie programmiert man die *minilux*-Automatik auf „Langzeitbelichtungen"?

MODE-Taste auf „Blitz OFF" drücken. Am Funktionswähler die Blende manuell möglichst weit schließen (11 oder 16); je nach eingelegtem Film (niedriger ISO-Wert) werden wir nunmehr bei Druckpunktnahme im LCD-Feld sicherlich eine Belichtungszeit unter 1/60 sec. ablesen – vielleicht 1/15 sec., die zum Bewegungseffekt geeignet wäre.
minilux 40 mm,
Kodachrome 25 Diafilm.

Bewegung wird sichtbar

In der Fotografie galt bis vor kurzem die bewußt aufgezeichnete Bewegung mehr oder weniger als Randgebiet. Schauen wir uns aber einmal ganz gezielt in der Umgebung um. In der Stadt, in Schaufenstern mit Fotodekorationen, auf Plakaten, aber auch auf Prospekten, in Zeitschriften mit Werbeaufnahmen in Großanzeigen, – überall werden wir sogenannte „eye catcher", also Blickfang-Fotos finden, die gerade durch ihre faszinierenden – ins Auge springenden – Bewegungseffekte auffallen. In der Tat gibt es zahlreiche Motive, bewegte Szenen rund um uns herum, die man viel überzeugender mit längerer Verschlußzeit aufnimmt als im „eingefrorenen" Zustand kurzer Belichtungszeiten.

Für Freihandaufnahmen sollte die Grenze etwa bei 1/60 sec. liegen – jedenfalls für den Schärfefanatiker. Alle längeren Zeiten wie z. B. die 1/15 sec., die 1/8, 1/4 und 1/2 sec. sind geeignet, normale Bewegungen mehr oder weniger wirksam sichtbar zu machen. Allerdings ist es nicht damit getan, auf dem LCD-Feld einfach auf „B" (Zeitbelichtung) zu stellen und mit kurzem Auslöserdruck die bewegten Objekte abzuschießen. Zufällig können sich dabei einmal interessante Belichtungs- und Bewegungstreffer ergeben. Jedoch läßt sich fotografisch gezielt auch die Bewegung systematisch ansteuern.

Zunächst die drei Methoden:

1) Kamera auf Stativ oder sonstwie in ruhigem Anschlag; Objekt(e) in Bewegung.
2) Objekt(e) unbewegt in Ruhe; nur die Kamera bewegt.
3) Kamera und Objekt(e) bewegt – sog. „Mitziehen mit der Bewegung".

Zur Technik: Möglichst geringempfindlicher Film in der Kamera, z. B. Kodachrome 25, oder Farb-Negativfilm Ektar 25, bei Schwarzweiß z.B. den Agfa APX 25.

Bei Tageslichtmotiven stellen wir die Blende manuell auf 11 oder 16 und die MODE-Taste auf „Blitz OFF". Nun tippen wir den Auslöser an, bis die gemessene Belichtungszeit im LCD-Feld erscheint. Blinkt die grüne Leuchte am Sucher, so können wir mit der Blende manuell so lange spielen, bis eine angemessene Zeit beim Auslöser-Antippen im Feld erscheint: „20" für

1/20 sec., „2“ für 1/2 sec., „8“ für 1/8 sec. usw. Diese Technik der kürzeren Zeitbelichtungen haben wir schnell im Griff: wir können uns stets auf korrekt gemessene Belichtung verlassen.

Die Bildgestaltung bewegter Szenen: Einige Vorversuche sind kaum zu umgehen. Vor allem: Welche Verschlußzeit erfaßt die betreffende Bewegung wirklich optimal? Auch erfahrene Fotografen müssen sich dabei auf ihren fotografischen Instinkt verlassen. Denn es ist ein Unterschied, ob wir etwa ein springendes Pferd mit Reiter mit der 1/20 sec. oder mit der 1/2 sec. aufnehmen. Manchmal steigert ein leichtes Mitziehen der Kamera die Bildwirkung, vor allem, wenn dabei bestimmte bildwichtige Elemente relativ schärfer abgebildet werden sollen als andere – der Pferdekopf scharf, die Beine des Pferdes in voller Bewegungsunschärfe. Unsere Bildbeispiele und ihre Daten können sicherlich dazu noch einiges aussagen. Natürlich müssen wir mit einer Anzahl Fehlaufnahmen rechnen. Mit Film sollten wir daher nicht allzu sparsam umgehen. Aber oft enthält solch eine Bewegungsserie auch ganz überraschende Studien mit interessanten, leicht verwischten Konturen.

Wenn wir nochmals unsere Situation Nr. 1 betrachten, so muß keineswegs immer ein Stativ verwendet werden. Schon die 1/15 sec. kann bei derartigen Bewegungsstudien durchaus noch aus freier Hand – bei ruhiger Kamerahaltung – interessante, relativ scharfe Fixpunkte aus der allgemeinen Bewegungsunschärfe herauslösen. Mit Stativ erreichen wir, motivbedingt natürlich, reizvolle Bewegungsmomente in gestochen scharfem Umfeld.

Punkt 2 betrifft die bewegte Kamera. Es bleibt dabei unserer Entscheidung überlassen, ob wir – z. B. bei einem Gebäude – die Kamera während der kurzen Zeitbelichtung kurz von unten nach oben reißen oder von rechts nach links. Jedesmal zeichnet der offene Verschluß einen anderen Bewegungseffekt auf den Film. Auch mehrere kurze, ruckartige Kameraschwenks oder eine Drehbewegung können während der Verschlußöffnung interessante Effekte ergeben.

Wie lange der Verschluß jeweils offen ist, kann man akustisch leicht wahrnehmen. Das erste Summgeräusch bei Auslösung betrifft die Fokussierung, danach hört man ein kurzes leises „Klick“, wenn sich der Verschluß öffnet, und kurz darauf wieder ein „Klick“ des Schließvorgangs unseres *minilux*-Zentralverschlusses. Danach wieder die Objektivbewegung in die Ausgangsposition. Also vier Geräusche – und mittendrin den relativ leisen eigentlichen Verschlußablauf. Grüne Sucherdiode dabei ruhig blinken lassen: Bewußter Fotofehler!

„Kettenkarussell“. Vor hellem Hintergrund zeichnen sich Bewegungsunschärfen besonders deutlich ab.
***minilux-zoom 70 mm*, Ilford Pan F Plus, Blende 16, 1/10 sec.**

Punkt 3 kennzeichnet die Kamera- und Objektbewegungen gleichzeitig. Diese dynamischen Bewegungsstudien sind eigentlich die schwierigste Form solcher Langzeitbelichtungen – aber mitunter auch äußerst lebendig. Mitziehen bei gleichförmiger Objektbewegung! Als kleiner Hinweis: Um allzu verschwommene Bilder zu vermeiden oder irgendwo im Foto einen realen Schärfepunkt zu erhalten, sollte bei der Kamerabewegung ein kurzer Ruck mit stillgehaltener Kamera „eingebaut“ werden. Das ist leichter bei längeren Zeiten, wie etwa der 1/2 sec. Ein paar Bildbeispiele können all dies besser demonstrieren, als langatmige Texte und Beschreibungen (siehe Seite 104!).

Und nochmals: Nicht mit Film sparen bei derartigen Experimenten! Freuen wir uns auf unvorhergesehene Überraschungen!

Bilder oben:
Ein bißchen „Musik" ins Foto bekommt man gelegentlich, wenn man die Kamera während des Auslösens einfach bewußt verreißt. Das Bild bekommt damit seinen Schwung.
***minilux zoom* 1/60 und 1/5 sec.**

Bilder unten:
Blitz abschalten und mit vorhandener Zimmerbeleuchtung aus der Hand fotografieren: das Rezept für dynamische Impressionen, beispielsweise bei einer Kaffeegesellschaft.
minilux 40 mm,
Fujichrome Sensia 100 Diafilm.

Unbemerkte Schnappschüsse

Zur Fotografie gehört auch etwas Psychologie. Immer, wenn die Kamera gezückt wird – ist sie auch noch so winzig – reagiert die Umwelt sofort. Mit Sicherheit wird man aufmerksam, neugierig, skeptisch oder gar ärgerlich – je nach Temperament und Situation.

Findige Ingenieure haben sich immer wieder Gedanken gemacht, Kameras für unbemerkte Aufnahmen zu bauen. Sie konstruierten Miniatur-Armbanduhr-Kameras mit entsprechend dürftigen Ergebnissen. Man versuchte sich auch in Kameratarnungen aller Art, baute die Kamera in Bücher ein, versteckte sie in Blumensträußen oder unter großen Hüten. Die Phantasie war gefragt. Schließlich gibt es die *minilux* in Schwarz! Wir wollen hier jedoch zunächst jene Schnappschüsse erwähnen,

Unbeobachtete Schnappschüsse sind spontan möglich, wenn vorher manuell fokussiert wird. Dann entfällt die Zeit für die motorische Scharfstellung und es kann sofort geschossen werden – auch mit schneller Bildfolge über automatischen Filmtransport.
minilux zoom 70 mm
mit Ektachrome 100 Elite Diafilm.

die keine Tarnung benötigen, dagegen aber etwas Psychologie. Wir können viel von erfahrenen Reportern und Bildjournalisten lernen. Psychologie als Antwort auf die Frage: „Wie konnten solche Bilder unbemerkt entstehen?" Nochmals: Wenn man die Kamera spontan zückt und ans Auge reißt, wird jeder aufmerksam, setzt sich in Positur oder ist verärgert, je nach Temperament, wie gesagt. Es ist kaum eine solche Reaktion zu vermeiden, jedenfalls niemals bei erwachsenen, aufmerksamen Menschen.

Nun einige bewährte Reportermethoden:

1) Die Umwelt an die Kamera gewöhnen. Solange mit ihr harmlos herumspielen, da und dort hinzielen, hantieren, simulieren, scheinbar irgendwohin knipsen, bis die „Opfer", auf die es uns ankommt, ihre anfängliche Neugier verlieren und sich wieder ihren eigenen Interessen zuwenden. Dann sind die „scharfen" Bildschüsse ein Leichtes.

2) Mit Weitwinkel/Weitwinkel-zoom besonders einfach. Der Fotograf bemüht sich, die Leute, die ihn interessieren, gar nicht zur Kenntnis zu nehmen. Er beschäftigt sich auffällig z. B. mit dem romanischen Kirchenportal dicht daneben im Hintergrund oder ähnlichen Dingen. Ständig visiert er mit seiner Kamera dorthin – hart an den Menschen davor vorbei. Währenddessen hat er Zeit, seine Kamera zu fokussieren, Lichtmessung vorzunehmen und ständig mit einem kurzen Blick die Szene im Auge zu behalten. Dann genügt ein kleiner Schwenk – und Schuß. Anschließend wird das Spiel wieder fortgesetzt und keiner ahnt die heimliche Überrumpelung, vor allem, wenn nicht geblitzt wird. Allerdings aufpassen. Bei Veröffentlichung solcher geheimen Fotos gilt das Recht am eigenen Bild (siehe Seite 137).

Blitzaufnahmen signalisieren allerdings deutlich den Zeitpunkt der Aufnahme. Sie erfordern noch mehr psychologisches Fingerspitzengefühl.

„Blindschüsse von der Stange"

Mit ein paar Hilfsmitteln können wir zuweilen ganz erstaunliche Fotos machen. Eine solche, nicht im Leica-Zubehör-Katalog aufgeführte Ergänzung zur *minilux* soll jetzt vorgeführt werden.

An anderer Stelle haben wir bereits das praktische und wertvolle Einbeinstativ erwähnt, das uns in vielen Fällen zu verwackelungsfreien längeren Belichtungszeiten verhilft. Doch die Möglichkeiten sind damit bei weitem noch nicht erschöpft. Im Fachhandel gibt es verschiedene Varianten leichter und schwererer Modelle, die hauptsächlich für Videofilmer gedacht sind, weil sie bei Zoom-Aufnahmen eine ruhigere Kameraführung erlauben. Natürlich gilt das auch für Fotoschüsse.

Wir schrauben am oberen ausziehbaren Teil ein Kugelgelenk an und können nun die Kamera in jeder Richtung verstellen. Unsere Abbildungen zeigen an einigen Beispielen, wie vielseitig man damit umgehen kann und welch interessante Perspektiven möglich sind. Blickpunkte aus 3 m Höhe, Schüsse aus der „Stelzenmann"-Perspektive oder aus dem Blickwinkel einer Laterne, einer Leiter und vom Geäst eines Baumes... plötzlich eröffnen sich ganz neue Aspekte mit der entfesselten Kamera – natürlich mit Blindschüssen!

Zur Kameraauslösung gibt es mehrere Methoden. Die einfachste: mittels Selbstauslöser. Er funktioniert praktisch bei jeder Auszugslänge unseres Kameraauslegers. Allerdings haben wir damit den Zeitpunkt der Aufnahme nicht genau unter Kontrolle, sondern müssen uns auf die neun Sekunden lang blinkende Kameradiode verlassen.

Mit dem zur *minilux / minilux zoom* lieferbaren Kabelauslöser von ca. 30 cm Länge müssen wir unseren Arm schon gehörig ausstrecken, um die Kamera am längeren Ausleger etwa in 2,5 m Höhe noch zu bedienen. Bei Bedarf aber ist ein verlängerter Kabelauslöser im Fachhandel zu beziehen (Hama) oder einfach herstellbar, indem man ein entsprechend lan-

Linke Seite:
Eine „blindgeschossene“ Taubengruppe im Garten von der Kamerastange (Kameraausleger) in 2,50 m Höhe mit verlängertem Kabelauslöser mehrmals geschossen. Bei Selbstauslöser-Aufnahmen muß die Taste nach jeder Aufnahme wieder gedrückt werden.
Kodak Royal Gold 200 Color-Negativfilm ohne Blitzschaltung.

Hinhalten – alles andere macht die *minilux* !
Selbstauslöser-Blitz-Blindaufnahme des Soloseglers. Eine Bildfolge ist bei derart risikoreichen Selbstporträt-Blindschüssen wohl zweckmäßig. Wie wir die Kamera am Ausleger exakt auf uns selbst richten, ist Übungssache. Das Objektiv darf nicht verkantet sein, sondern sollte zentral auf uns gerichtet werden. Auch die automatische Fokussierung ist so gewährleistet.

Mit der Kamera am Ausleger gelingen oft erstaunliche Schnappschüsse, die selbst Fachleute kaum erklären können.
Beide Aufnahmen: *minilux* am Einbeinstativ (Cullmann) mit Selbstauslöserbelichtung,
Kodachrome 64 Diafilm.

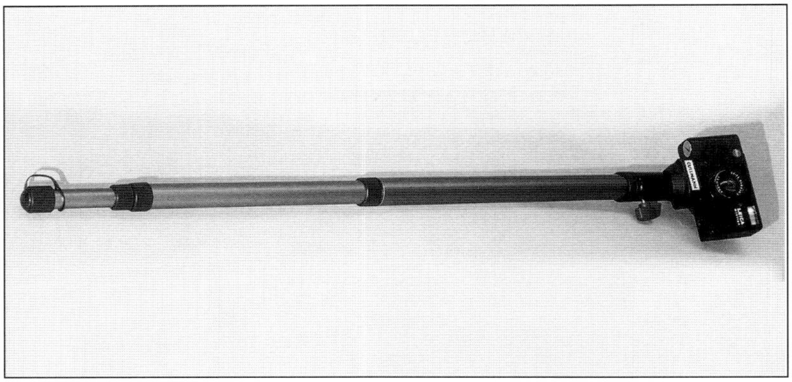

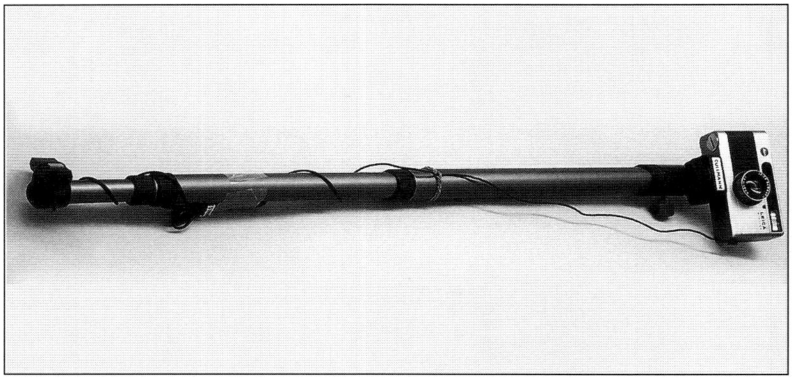

Die Auslegermethode der Kamera ist derart interessant, daß wir sie hier ausführlich behandeln und illustrieren wollen. Die *minilux 40 mm* am Einbeinstativ mit Kugelgelenk (beides von Cullmann). Oben für den Selbstauslösereinsatz und darunter mit verlängertem Auslöserkabel (Hama) ausgestattet. Nur das Blitzgerät am Einbeinstativ erweitert außerdem die Beweglichkeit eines zusätzlichen Blitzgerätes, z. B. bei nächtlichen Serienblitzen. Leica CF auf TTL-Sockel.

ges zweipoliges Kabelstück in das vorhandene Auslöserkabel einsetzt/einsetzen läßt. Damit können praktisch größere Auslegerlängen, Aufnahmen von Leitern, Bäumen, Gerüsten und je nach Länge über weitere Entfernungen geschossen werden. Um bei derartigen Blindschüssen die Trefferquote zu vergrößern, sind motorische Bildfolgen / Bildsequenzen empfehlenswert, da wir ja die Blickrichtung nur annähernd beurteilen und korrigieren können. Die spätere Auswahl der so entstandenen Aufnahmen ist aber immer wieder überraschend und spannend.

Bei Kabelauslösung blinken die rot-grünen Signaldioden am Sucher nicht. Wir können daher die Aufladung des Blitzes optisch nicht kontrollieren. Bei frischen Batterien beträgt die Aufladung ca. fünf Sekunden. Natürlich entfällt auch die Druckpunktnahme, aber die Fokussierung und Lichtmessung erfolgen weiterhin automatisch vor jeder Auslösung neu – auch bei Serien über Kabel.

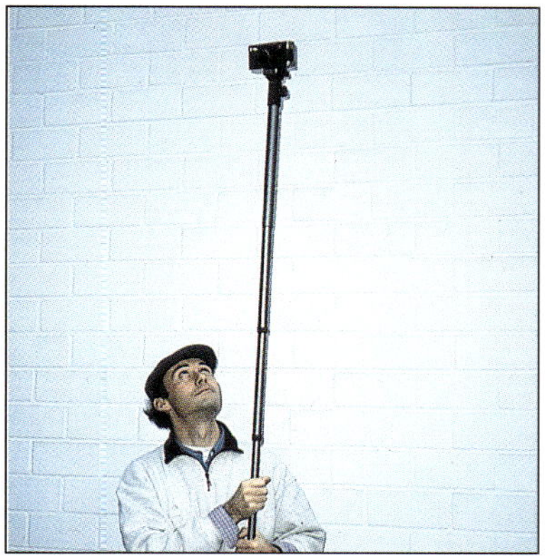

Verschiedene Kamerapositionen am Stativausleger. Der Phantasie für solche Blickwinkel sind keine Grenzen gesetzt.

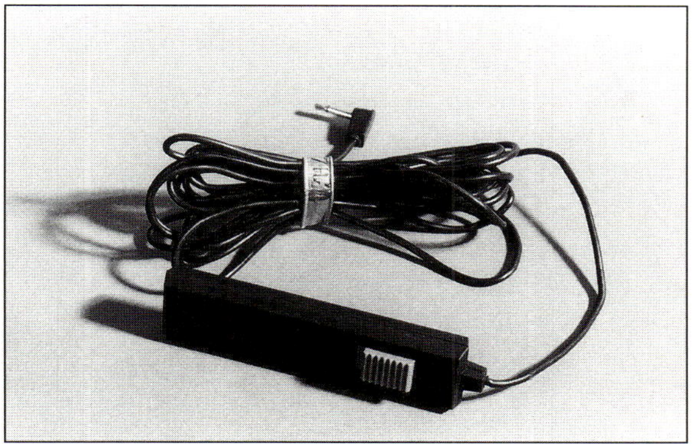

Ein verlängertes Auslösekabel mit passendem 2,5 mm-Stecker ist im Fotohandel erhältlich (3 m Länge) und kann in jeder Länge auch selbst gefertigt werden. LEICA liefert bislang nur 30 cm lange Auslösekabel.

Aufnahmen aus Augenhöhe sind nur *eine* Seite der Fotografie. Manchmal sind ungewöhnliche Standpunkte und Schußrichtungen viel reizvoller. Ein Durchschnittsmotiv kann allein von einem außergewöhnlichen Standpunkt zum aufregenden Foto werden.
***minilux 40 mm*, Kodachrome 64 Diafilm,**
Schnappschuß vom Stuhl aus mit Fokussierung auf 70 cm.

Ungewöhnliche Kamerastandpunkte

Der Großteil aller Aufnahmen entsteht aus Augenhöhe. Wer Fotografie zur reinen Dokumentation betreibt, wird sich kaum Gedanken machen, ob die Kamera nicht auch als kreatives, ja künstlerisches Werkzeug verwendet werden kann. An vielen Stellen dieses Buches wird nachdrücklich auf diese interessante Seite des Fotografierens hingewiesen.

In solcher Eigenschaft verläßt unsere Kamera schon bald die penetrante Augenhöhe und sucht sich andere, von der Norm abweichende Einstellungen, aus der sie ihre Motive und Objekte anpeilt. Wir wollen die Suche nach besonderen Aufnahmestandpunkten einmal mit dem Begriff „befreites Fotografieren“ benennen und kennzeichnen damit wohl eindeutig, wo die Chancen einer dynamischen Fotokunst liegen. Also: Befreiung von der allzu eng gefaßten Augenhöhe – mit oder ohne Ausleger. Schon Schnappschüsse aus der Hocke, aus der Zwergen- oder gar Froschperspektive sind relativ selten zu sehen, doch welch faszinierende Perspektiven eröffnen sich allein vom Ministativ aus Bodennähe – und wenn es nur die Beine oder Füße der Großstadtpassanten sind. Auch die Perspektive aus der Sicht kleiner Kinder mit oft erstaunlichen Blickpunkten wird viel zu selten für bildmäßige Einstellungen genutzt. Im hohen Gras einer windbewegten Sommerwiese, Schüsse aus der Sicht der Skier oder eines Skateboards, Badeszenen – dicht über der Wasseroberfläche geschossen (Kamera in Schutzhülle stecken!) Oder: Kamera flach am Boden liegend, Objektiv senkrecht nach oben gerichtet fotografiert über Selbstauslöser eine sich kreisförmig zum Objektiv hin neigende fröhliche Menschengruppe.

Außergewöhnliche Standpunkte erschöpfen sich aber keineswegs nur in der Froschperspektive. Um im Bild zu bleiben: Die sogenannte Vogelperspektive, die Sicht von oben, ist oft ebenso reizvoll. Dazu ist zunächst nichts weiter nötig als Einfallsreichtum. Schon die Oberkante eines höheren Schrankes, eines Bücherregals, wo die Kamera mit Ministativ postiert wird, erfaßt die gesellige Freundesrunde originell aus der „Gardinenstangen“-Perspektive ohne die ärgerlichen Überschneidungen einiger Personen – auch wieder mittels Selbstauslöser. Ein Picknick unterm Apfelbaum: Kamera mit Klemmstativ am Ast befestigt und nach unten auf die Szene gerichtet, Selbstauslöser.

Wer als *minilux*-Besitzer eine gute Verbindung zu Ärzten hat, der vereinbart nach Feierabend in der Klinik mit einigen Kollegen eine Operationsszene. Das OP-gerecht ausgestattete Ärzteteam beugt sich aktiv über die kleine *minilux*, die schußbereit mit Selbstauslöserschaltung auf dem Operationstisch liegt ... als „Patient“. Wer seine Kamera auf den Fernseher stellt, knipst seine Familie oder Freunde über Kabelauslöser und Motor als enthusiastische Zuschauer der Fußball-Weltmeisterschaft. Der Phantasie sind keine Grenzen gesetzt.

Für Aufnahmen mit ungewöhnlicher Perspektive braucht man sich keineswegs immer auf den Bauch zu legen. Wieder kann dies der Kameraausleger bequemer schaffen. In Bodennähe ist man damit sehr beweglich und mit Autofokus auch technisch perfekt.
Aufnahme auf Kodak IR Highspeed Infrarotfilm.
Bildautor: H. Grumann.

Nachts wird bei unbeleuchtetem, weit entferntem Hintergrund mit der Universalbetriebsart „Auto-Blitz" fotografiert – ein problemloses Wintermotiv. Manuelle Fokussierung. Agfachrome RSX 50 Diafilm, eine von zwei Blitzvarianten mit manueller Blende.

Zur manuellen Blitzsteuerung

Da die EV-Korrektur mittels der EV-Taste nicht auf die Blitzkapazität einwirkt, sondern lediglich auf die Belichtung des Umfeldes und seiner natürlichen Helligkeit, kann man die EV-Korrekturmöglichkeit ohne weiteres für die Bildgestaltung mit Blitz heranziehen und nutzen.

Beispiel: Wir möchten bei einem Tageslichtobjekt, etwa einem Porträt, bei Sonnenschein vor etwas unruhigem Hintergrund ein harmonisches, vom Umfeld isoliertes Bildnis haben. Mittels der EV-Taste und einem eingegebenen Minus-Wert (z.B. – 1,5) können wir zunächst die Belichtung der Umgebung reduzieren, d. h. das Umfeld etwas dunkler halten bzw. optisch zurücktreten lassen. Der Blitz (LCD auf „Blitz ON") leuchtet nun die Person im Vordergrund bzw. den Oberkörper mit seiner entfernungsbedingten Kapazität angemessen aus, während der Hintergrund dezent im Licht zurücktritt und das Objekt vorn hell und plastisch hervorhebt.

Finessen zur Blitztechnik

Ursprünglich gab es eine Blitztechnik in unserem Sinne überhaupt nicht. Alte Fotofreunde wissen es noch: Man erfand bzw. nutzte die Lichtwirkung des Magnesiumpulvers oder -streifens zur Beleuchtung. Ein Häufchen Magnesiumpulver wurde auf eine Blechpfanne gestreut und bei offenem Kameraverschluß mittels eines Zündrädchens entflammt. Es machte „Bumm!" und die erstarrten Gesichter waren auf der Platte festgehalten. Mittels eines kleinen schmalen Magnesiumbandes konnte man sogar ein helles Dauerlicht erzeugen und somit z. B. einen Innenraum oder ein Stilleben mit bewegter Leuchtflamme sekundenlang ausleuchten. Soweit zur historischen Blitzbeleuchtung.

Nach vielen Variationen mit Magnesium in geschlossenen Blitzbirnen entstand der fotografische Elektronenblitz und entwickelte sich vom kiloschweren akkubetriebenen Kondensatorkasten bis zu unseren heutigen leichten, kleinen und leistungsstarken Miniblitzern – eingebaut oder extern.

Wir wollen hier nicht noch einmal die übliche Normalanwendung des *minilux*-Blitzers wiederholen. Mit empfindlichen Filmen leistet diese winzige Elektronik ja auch auf größere Entferungen Hervorragendes. Im Zusammenhang jedoch mit der *minilux zoom* bekommt auch der externe Blitz noch weitere Bedeutung und Einsatzmöglichkeiten.

Wie wir hörten gibt es Fotografen, die grundsätzlich gegen Blitzaufnahmen etwas einzuwenden haben: „Die oft penetrante Frontalbeleuchtung, die unter schlechten Umständen die berühmten käsigen Gesichter hervorbringt." Mit ein wenig Einfühlungsvermögen aber kann die Blitzdosierung relativ fein abgestimmt werden und – vor allem bei Farbnegativfilm – durchaus plastische Bildnisse bringen. Für

Ein größerer Helligkeitskontrast kommt selten vor. Das Licht der südlichen Mittagssonne strahlt unbarmherzig in das Becken der griechischen Taufkapelle. Der Hintergrund liegt im Schatten. Die manuelle Blitzzuschaltung hat auf die besonnten Teile nur wenig Einfluß, hellt jedoch die dunklen Partien so weit auf, wie es dem natürlichen Eindruck entspricht. Kodachrome 25 Diafilm, Blitzzuschaltung.

spontane Schnappschüsse gibt es ja auch kaum eine Alternative für den Frontalblitz, wobei sogar der „Rote-Augen-Effekt" zu mildern ist. Die Meisteraufnahmen unter den geblitzten Fotos jedoch sind meist mit allerlei technischen Raffinessen entstanden. Diese sollen hier für anspruchsvolle Leser zumindest erwähnt und angedeutet werden.

Betrachten wir die jeweiligen Fotosituationen, mit denen wir in unserer Praxis konfrontiert sind:

Die Guppenaufnahmen am Tisch, in Aktion usw. Eine zu tiefe Staffelung der Personen in die Bildraumtiefe kann der Blitz nicht bewältigen. Entweder werden die vorderen Personen über- oder/und die zurückliegenden unterbelichtet. Abhilfe: anderen Kamerastandpunkt mit weniger Tiefenstaffelung wählen oder Zweitblitz in Servoschaltung gegen die Zimmerdecke richten.

Geblitztes Porträt aus ca. 70 cm Entferung. Dabei kommt es auf das Umgebungslicht an. Bei Schaltung auf „Slow Blitz ON" errechnet die Kamera die Belichtungszeit bei vorhandenem Licht, und der Blitz dient nur zur Steigerung der vielleicht etwas kraftlosen Farben. In diesem Falle: immer die Blitzleuchte mit dem Finger zur Hälfte abdecken.

Sonnenlicht fällt in einen hellen Innenraum, Lichtspiele mit direktem Licht und Schattenzonen. Stets auf „Blitz ON", dies gilt auch für schattige Gärten mit Personen, für Innenräume usw., weil die Kameraautomatik dabei meist den Blitz nicht einschaltet. (Rote Diode am Sucher blinkt!)

Sonnenbeschienene Gegenstände, Menschen, Tiere, Skulpturen, Denkmäler, im Streiflicht. Stets mit „Blitz ON" fotografieren, wenn nicht ganz besondere Schatteneffekte gewünscht sind.

Menschen im Gegenlicht – schnell bewegt wie z. B. Sportler in Aktion. Relativ offene Blende benutzen, damit die Kamera mit ihrer Automatik und 1/400 sec. und dem Blitz die Bewegung einfriert – sonst bekommen wir beim zusätzlichen Blitzen („Blitz ON"-Schaltung) doppelte Konturen.

Mit einem servogesteuerten Zweitblitz können bereits bemerkenswerte Blitzeffekte erzielt werden. Hier wurde der kleine Servo-Zusatzblitz mit einem Einbeinstativ über die Kinderköpfe gehalten und ergab studiogemäße Beleuchtung.

Objekte hinter Glasscheiben (Schaufensterpuppen). Niemals solche Objekte frontal anblitzen, sondern immer aus einem Winkel zur Scheibe (Einfallswinkel = Ausfallwinkel).

Lichtquellen im Bild (Weihnachtsbaum, Kronleuchter etc.). Auslösetaste der Kamera so lange (immer wieder neu) antippen und die Blende manuell verändern, bis zumindest auf der LCD-Anzeige eine Blende für Freihandaufnahmen erscheint, sodann mit „Blitz ON" auslösen. Stativ ist zweckmäßig, sonst gibt es u. U. verrissene Kerzen und Lichter.

Zweitblitz und seine Anwendung. Die Anschaffung eines zusätzlichen Blitzgeräts bedeutet keine besondere Investition. Schon für wenig Geld gibt es im Fotohandel winzige Taschenblitzer (in weniger als Zigarettenschachtelgröße), die eine Fotozelle zur synchronen Auslösung mit dem Kamerablitz haben. Dieser Blitz läßt sich nun als Zusatzblitz z. B. zur Aufhellung der Schatten oder als Effektleuchte für die Haare beim Porträt wundervoll verwenden. Dabei kann sogar der Fotograf die Leuchte selbst mit der freien Hand halten, oder ein Assistent hält sie in der gewünschten Position; sie kann auch auf ein höheres Bücherregal gestellt, am Ausleger festgeklemmt oder sonstwie befestigt werden.

Blitzeffekte. Ein großer Vorteil des *minilux / minilux-zoom*-Verschlusses ist die vollsynchronisierte 1/400 bzw. 1/250 sec. Bei Schlitzverschluß-Kameras läßt sich höchstens die 1/125 sec. mit Elektronenblitzen synchronisieren, weil beim Zündimpuls die Verschluß-Vorhänge kurzzeitig voll geöffnet sein müssen. Aufnahmen schnell bewegter Objekte bei Tageslicht ergeben mit Schlitzverschlußkameras stets die gefürchteten Doppelkonturen. Mit LCD auf „Blitz ON" können somit Sportaufnahmen bei vollem Tageslicht (beispielsweise im Gegenlicht) mit dem *minilux*-Blitz ausgeleuchtet werden.

Mit der EV-Taste der *minilux*-Kameras läßt sich außerdem die Blitzrelation zum Umfeld auch bei der 1/400 sec. noch subtil aussteuern. Dabei sollte man allerdings empirisch vorgehen, d.h. mehrere Aufnahmen mit unterschiedlichen EV-Varianten (minus und plus) machen. Auch mit manueller Blitzabdeckung kann dabei die Lichtstimmung reguliert werden.

Wenn in gewissen Fällen die 1/400 sec. doch zu „langsam" scheint, so benutzen wir einfach die Blitzzeit von 1/800 sec. – bei dieser Leuchtzeit des *minilux*-Blitzes in der Dämmerung oder relativ dunkler Umgebung und geringempfindlichem Film läßt sich beispielsweise ein umstürzendes Kartenhaus oder die Wasserspiele des Springbrunnens auf der nächtlichen Piazza auch mit der 1/800 sec. gestochen scharf abbilden, wenn die Blitzentfernung bei entsprechendem ISO-Wert des Films eingehalten wird. Mit dem externen Blitzgerät der *minilux zoom* Kamera eröffnen sich weitere Möglichkeiten (siehe das betreffende Kapitel.)

Effekt bei Schaltung auf „Slow Blitz ON" und mittlerer manueller Abblendung. Dabei blitzt die Kamera beispielsweise in die 1/15 sec., und wenn dabei noch leicht verrissen wird, zeichnen sich die Lichtspuren der glänzenden Metallteile in die kurze Belichtung ab.
minilux zoom 70 mm.

Bild unten:
Frontalblitz in die Scheibe reflektiert unweigerlich in die Kamera zurück. Deshalb immer aus einem (kleinen) Winkel in die Dekoration blitzen. Fokussierung vor Glasscheiben stets manuell, weil die Glasfläche sonst angemessen und unscharfe Objekte erzeugt werden.
minilux 40 mm, Kodak Ektar 25 Negativfarbfilm.

Trampolinspringer. Der Vorteil der *minilux*-Kameras mit ihrem Zentralverschluß wirkt sich besonders bei bewegten Objekten aus, wenn wir sie bei Tageslicht anblitzen. Die gefürchteten dunklen Konturen, resultierend aus der Geschwindigkeitsdifferenz zwischen Verschlußablauf und Blitz, entfallen hier, und wir erhalten exakte Konturen auch gegen einen hellen Hintergrund. *minilux zoom 40 mm*, Ektachrome 200 Diafilm, 1/400 sec. mit Blitzzuschaltung.

Für Blitzfans noch einige Tips

Das eingebaute Blitzgerät bietet mehr Möglichkeiten, als zunächst anzunehmen ist. Farbige Blitzeffekte zum Beispiel lassen sich ziemlich einfach erzeugen. Man klebt vor die Blitzleuchte ein kleines Stück glasklarer Farbfolie und erhält mit Farbfilm monochrom gefärbte Dias, die manches Motiv von eintöniger Farbcharakteristik interessanter, märchenhafter erscheinen lassen. Die Blende sollte dabei manuell etwa um einen Schritt größer als gemessen eingestellt werden (Ausgleich mit EV-Taste bei beiden Kameramodellen). Wir sollten auch bei unseren Selbstauslöser-Aufnahmen bei kontrastreicher Beleuchtung nicht vergessen, die Blitzleuchte für harmonischere Bildgestaltung gelegentlich einzuschalten („Blitz ON"). Bei dunklem Umfeld macht es die Kamera mit „Autoblitz" ohnehin automatisch.

Doppelbelichtungen

Jede Kamera, auch die einfachste, besitzt eine eingebaute Sperre gegen Doppelbelichtungen. Diese verhindert, daß auf einen bereits belichteten Filmabschnitt eine zweite Aufnahme aufbelichtet wird. Bei einigen Kameras der oberen Klasse läßt sich diese Sperre jedoch ausschalten, damit bewußt durch eine zweite Belichtung besondere Effekte erzielt werden können.

Wozu Doppelbelichtungen? Die doppelte oder mehrfache Belichtung ist eine recht interessante Methode, die z. B. erfahrene Amateure für ihre Bildgestaltung nutzen. Auch bei Wettbewerben und auf Fotoausstellungen trifft man häufig auf solche optischen Montagen. Mit einigem Geschick und mit Erfahrung lassen sich wirkungsvolle Fotos durch originelle Überlagerungen zweier Motive erzielen. Eine gewisse Transparenz und mehrschichtige Durchdringungen der Bildelemente ergeben eine fast surrealistische Wirkung im Bild. Allerdings sollte dabei einiges beachtet wer-

Blitz in verschiedenen Richtungen.
Der Verschluß der *minilux zoom* mit Schaltung auf „T" (EV-Taste) bleibt so lange offen, bis wieder gedrückt wird. Das spärliche Tageslicht wurde mit dem CF-Blitzer gegen die Raumdecke und auf die Maschinen genügend ausgeleuchtet. So lassen sich auch größere Räume detailreich beleuchten, wenn man darauf achtet, daß sich der Blitz nicht im Objektiv-Winkel befindet.
Wer mit der *minilux 40 mm* arbeitet, muß den Kabelauslöser während der Ausleuchtung gedrückt halten. Bei genügend dunklen Räumen kann auch ein Assistent mit dem manuell ausgelösten Blitzgerät umherwandern und alle Ecken sorgfältig anblitzen.
minilux zoom 35 mm, Kodachrome 25 Diafilm. Gedämpftes Tageslicht. Acht Blitze während der Belichtung außerhalb des Bildwinkels gehalten.

den. Beliebige Motive willkürlich übereinanderbelichtet, können bei kritischer Betrachtung selten befriedigen. Aber starke Helligkeitskontraste, wie etwa Gegenlichtaufnahmen mit Silhouettenwirkung lassen sich dagegen gut mit differenzierten, feingegliederten Farbmotiven kombinieren. Eine figürliche Gegenlichtaufnahme liefert z. B. die Kontur für eine aufbelichtete Struktur, wie altes Gemäuer oder bewegtes Wasser. Hell leuchtende filigranhafte Gräser können sehr gut vor einem dunklen hölzernen Scheunentor leuchten, wenn sie bereits bei der ersten Belichtung vor dunklem Hintergrund aufgenommen wurden. Hell-Dunkelkontraste kommen bei der Doppelbelichtung plastischer als zwei in der Helligkeit und in der Farbe gleichwertige Motive.

Nun zur Technik mit der *minilux / minilux zoom.* Da bei diesen Kameras keine Schaltung für Doppelbelichtungen vorgesehen ist, muß ein Trick angewendet und planmäßig vorgegangen werden.

Am besten, wir plazieren unsere Doppelbelichtungen an den Filmanfang, wenn also ein neuer Film eingelegt worden ist. Beim Einlegen und Herausziehen des Filmanfangs auf die Aufwickelspule markieren wir das Perforationsloch, das genau auf dem kleinen dunklen Quadrat am Ende der Filmbahn liegt, mit einem hellen Kreidestift. Nach dem motorischen Einspulen des Films erscheint die Nummer „1" auf dem Display und kann belichtet werden – ebenso gegebenenfalls noch die Nummern „2" und „3" mit geeigneten Motiven. Nehmen wir an, es wurden drei verschiedene Silhouettenmotive auf diesen drei ersten Filmnummern aufgenommen – mit EV „–1,5" belichtet. Sie erscheinen später als dunkle, kaum belichtete Flächen. Nun spulen wir diese drei Aufnahmen mit dem Rückspulknopf an der Kameraunterseite zurück und bedienen uns dabei eines weiteren Tricks: Während der Rückspulung folgen im Displayfenster der Kamera nacheinander die Nummern 3 - 2 - 1 und gleich darauf viermal die „0" . Bei der dritten „0" öffnen wir sofort die Verriegelung der Kamerarückwand (nachdem wir vorher schon den Fingernagel an die Verriegelung angelegt hatten). Sofort wird die weitere Rückspulung in die Kassette gestoppt und wir können den Filmanfang mit seiner Markierung wieder exakt an die Filmbahnmarke anlegen und bis Nummer „1" zum zweiten Mal einspulen.

Aufnahmen mit überwiegenden und markanten Dunkelflächen eignen sich besonders für Doppelbelichtungen. In die Aufnahme der beiden neugierigen Esel zwischen felsigem Lavagestein wurde nach Rückspulung des Films eine geblitzte, farbig leuchtende Struktur einbelichtet. Zur Demonstration in diesem Buch ist jeweils eine Zweitaufnahme geschossen worden, damit die Einzelfotos erkennbar sind. Beide Aufnahmen: *minilux zoom,* 50 mm und 70 mm Brennweite, Kodak Ektachrome Elite 100 Diafilm.

Nun dürfen wir nicht vergessen, die EV-Programmierung zu löschen, da ja das zweite aufbelichtete Motiv eine solche Belichtungsreduzierung nicht erfordert. Entsprechend machen wir unsere Aufbelichtungen auf die belichteten Filmabschnitte Nummer „2" und „3" usw. Es ist nicht zweckmäßig, mitten in der Filmlänge – etwa bei Nummer „21" – eine Doppelbelichtung einzuplanen, aber es geht natürlich auch. Nach vollständiger Belichtung wird der Film ganz zurückgespult – wieder mit dem Rückspul-Kassettentrick. Dann wird die Aufnahme auf der Kassette notiert und diese für eine eventuelle spätere Aufbelichtung aufgehoben. Man kann sie auch gleich wieder einlegen, die entsprechende Anzahl der gemachten Aufnahmen blind, d. h. mit abgedecktem Objektiv durchfahren und die zweite Aufbelichtung bei der betreffenden Bildnummer machen, sodann den Film zurückspulen.

Hinweis: Um harmonisch abgestimmte Doppelbelichtungen zu bekommen, ist es zweckmäßig, vom ersten Motiv eine Belichtungsreihe zu machen, indem bei „B Blitz OFF" die Blende manuell verändert und die Belichtung manuell bestimmt wird.

Eine andere Methode für Belichtungsreihen: MODE-Taste auf „Automatik Blitz" oder „Blitz OFF" und nunmehr vor einem dunklen oder auch einem helleren Objekt in der Nähe des Motivs die Belichtung messen und bei gehaltenem Druckpunkt das Motiv anvisieren und belichten. Auch mit der EV-Taste lassen sich Belichtungsreihen in halben Blendenschritten durchführen.

Überblendung mittels Projektor. Auch bei Doppelbelichtungen von Projektionsbildern gilt die Regel für Bildkontraste: Flächenstrukturen und dazu kleinere Lichteffekte. Beide hier abgebildeten Dias wurden nach der beschriebenen Methode von der Leinwand abfotografiert. Dia 1 wurde auf Ektachrome Elite 100 aufgenommen. Dia 2 (Kerzen) auf Kodachrome 64 in einer Kirche. Hintergrund dunkles Kircheninneres.

Bild rechte Seite:
Das Resultat ist eine Doppelbelichtung der beiden Projektionsbilder auf das gleiche Filmstück nach Rückspulung. *minilux zoom 50 mm*, Agfa Ultra 50 Farbnegativfilm.

Überblendungen von der Bildwand

Wir hatten bereits die Möglichkeit von Doppelbelichtungen auf den vorigen Seiten beschrieben. Es ist aber manchmal nicht einfach, zwei passende Aufnahmen hintereinander auf denselben Film zu bringen, die sodann eine sinnvolle Doppelbelichtung ergeben. Wesentlich bequemer herzustellen ist eine Doppelbelichtung zweier Dias aus dem Archiv. Auf dem Leuchtpult können beliebige Dias solange miteinander verglichen werden, bis ein geeignetes Diapaar gefunden wurde. Wir wollen nun einen relativ simplen Weg beschreiben, wie man zwei Dias zu einem einzigen Überblenddia vereinigt, und zwar ohne aufwendigen Diakopierer – allein mit der Kamera und mit einem Projektor. Im ersten Moment erscheint das Verfahren etwas ungewohnt. Ein Versuch lohnt sich jedoch.

Wir fotografieren unsere strahlenden Projektionsbilder von der Bildwand nacheinander wieder ab. Da man bei *minilux*-Besitzern einen leistungsstarken Diaprojektor, wie etwa den *Pradovit* von LEICA voraussetzen kann, dürfte bei sorgfältiger Einstellung der Geräte auch ein Optimum an Schärfe bei den abfotografierten Dias zu erwarten sein. Die Halogenlampe des Projektors liefert eine Lichtfarbe mit etwa 3500 Kelvin. Zweckmäßig werden sogleich mehrere Diapaare reproduziert und dafür ein spezieller Kunstlicht-Diafilm in die Kamera eingelegt. Es folgt nun eine planmäßige Aufnahmeserie. Zunächst werden sämtliche A-Dias durchbelichtet. Nach dem Zurückspulen des so belichteten Films wird er wieder paßgenau in die Kamera eingelegt und die zweite Aufbelichtung aller B-Dias von der Projektionswand vorgenommen.

Die Kamera steht auf stabilem Stativ dicht neben dem Projektor mit Fokussierung auf die Bildwand und im Format (evtl. auch Ausschnitt) dem Projektionsbild angepaßt. Dazu ist eine „Leinwand“, bestehend aus einem großen Zeichenkarton, etwa 50 x 70 cm, reinweiß, zweckmäßig. In diesen Dimensionen und bei geringem Projektionsabstand strahlt das Dia sehr hell – auch in seinen dunklen Partien. Die Entfernung wird manuell mit Zentimetermaß auf die Bildwand eingestellt. Die Belichtung wird von der Kamera ermittelt. Bei den meisten Diafilmen empfielt sich eine EV-Korrektur von + 0,5 bis +1,0, die nach der jeweiligen Helligkeit des Projektionsbildes korrigiert werden kann. Ganz ohne empirische Belichtungsermittlung bzw. Belichtungsreihe geht es nicht. Anhaltspunkte sind kaum zu geben, da die Helligkeit der betreffenden überlagernden Dia-Paare nicht bekannt ist. Aber es ergibt sich auch manche Überraschung, wenn die überblendeten Dias vorliegen. Als Orientierung für die Bildgestaltung gilt jedenfalls: Auf ein großflächig-dunkles Dia blendet man am besten wieder ein dunkles Dia mit kleineren Lichteffekten ein. Zwei in der Flächenstruktur gleichwertige Dias ergeben oft einen verwirrenden Eindruck.

Mit der *minilux zoom*-Kamera lassen sich die Bildausschnitte sehr genau aufeinander abstimmen und etwa ein ganzes Dia mit dem Ausschnitt eines zweiten kombinieren.

Der Panoramaeinsatz als Mittel zur Bildgestaltung ist gar nicht so absurd. Wer den schmalen Rahmen einmal in die Filmbahn eingelegt hat, wird mit diesem „Panoramablick" und den zugehörigen Sucherbegrenzungen überall gestreckte Motive finden.
Panorama-Einsatz in Verbindung mit „Blitz ON"-Schaltung und Kodachrome 25 Diafilm.

Panorama-Aufnahmen

Solche Aufnahmen haben ihre eigenen Reize. Erst wenn man einmal dasselbe Motiv im herkömmlichen KB-Format mit dem Panorama-Ausschnitt vergleicht, wird die Faszinanz der seitlichen Ausdehnung zum Erlebnis. Mit dem Einlegen der Panoramamaske in die *minilux*-Filmbahn bekommen wir zwar keine echte Formaterweiterung, aber die Maskierung zwingt uns, einen ganzen Film mit dem andersartigen Seitenverhältnis durchzuziehen. Allein dieses „Denken" im Breitformat läßt uns mit bloßem Auge bereits generell andere Motive suchen und finden, als wir es gewöhnt sind.

Nun kann man mit Recht sagen: Ich beschneide meine Papierbilder oben und unten nach Belieben und bekomme so mit der Schere jedes Panorama. Bei Aufnahmen auf Negativfilm ist das durchaus richtig. Es gibt sogar Labors, die unsere Panorama-Aufnahmen automatisch eine Nummer größer kopieren und somit gleich die Verbreiterung anbieten. Dann haben wir bereits albumreife 10 x 18 cm-Bilder unserer Landschaftsfotos.

Eigentlich aber ist die Panoramamaske für Diafilme und deren Projektion gedacht. Das über seine Längsseiten schwarz abgedeckte Panorama-Dia ergibt in der normalen Rahmung ein exakt scharfes Passepartout, wie man es sonst in der 5 x 5-Rahmung selbst durch mühevolles Abkleben des Dias kaum erreicht.

Nun die Praxis. In geeigneter Situation und mit einem 24er-Film in der Kamera fotografieren wir ganz systematisch nur in diesem Schmalformat (Sucher-Markierungen beachten!) Wir erfahren dabei, wie häufig wir Motiven begegnen, die solch ein Format geradezu herausfordern. Nicht nur weit ausgedehnte Landschaften, auch gesellige Gruppenaufnahmen fordern das Panoramaformat. Mit dem schmalen Rechteck wird oft vergessen, daß auch Hochformate wirkungsvoller sein können. Architektur – nicht nur in New Yorker Straßenschluchten, auch in europäischen Städten – kann im Hochformat, vor allem in Kleinserien, eindrucksvolle Diavorführungen ergeben.

Nachdem die leistungsfähige Kompaktkamera häufig zur Dokumentation herangezogen wird, bekommt ihr Datenrückteil besondere Bedeutung. Die Phasen einer Abbruchbaustelle beispielsweise können zuweilen sogar juristisch bedeutsam werden, wenn Datum/Uhrzeit/Stunden oder Minuten optisch-synchron eingeblendet werden.
minilux zoom 70 mm,
Kodachrome 64 Diafilm.

Anwendungen des Datenrückteils

Wie aus der Anleitung zur Kamera hervorgeht, läßt sich das ansetzbare Datenrückteil verschiedenartig programmieren: Auf Jahr–Monat–Tag oder auf Tag–Stunden–Minuten. Der Kalender schaltet automatisch. Über Tasten werden die Daten angewählt. Das Datum auf dem Foto ist häufig wichtiger als üblicherweise angenommen. Bei Geburtstagsfotos, Jubiläen, erstem Schultag, bei Reisetagen oder Bauphasen später wertvoll.

Nicht so direkt ins Auge springen die Daten bei Fotosequenzen, wenn z. B. verschiedene Jahreszeiten dokumentiert werden, auch bei Aufnahmen der einzelnen Bauphasen vom Eigenheim. Blumenzüchter orientieren sich so über die Wachstumszeiten ihrer Pflanzen.Wer als Landwirt das Datenrückteil verwendet, kann jederzeit wertvolle Informationen über den Zustand des Saatgutes bis zur Ernte oder Aussagen über seinen Tierbestand nachprüfen.

Nun zur Uhrzeit: Im Kapitel über „Serien und Sequenzen“ haben wir Aufnahmen im Laufe eines Tages bei unterschiedlichem Sonnenstand erwähnt. Für Architektur- und Landschaftsstudien können die Aufnahmezeiten anhand der Uhrzeit-Einblendungen exakt überprüft und nachvollzogen werden. Für statistische Zwecke ist z. B. die Verkehrsdichte einer Ausfallstraße oder eines Platzes von Bedeutung. So kann die *minilux* auch für (halb-) berufliche Zwecke oder im industriellen Bereich praktisch eingesetzt werden. Im Forstwesen kann das Verhalten des Wildbestandes – vor allem im Winter am Futterplatz – tageszeitmäßig dokumentiert werden. Auch ein Sonnenauf/ oder -untergang in einzelnen Phasen oder die Spielzeit einer Schachpartie, der Ablauf eines Boxkampfes sind mögliche Anwendungsbereiche für die Zeitanzeige im Datenrückteil.

Die eleganteste Form der Vorführung ist zweifellos die Überblendprojektion mit zwei Projektoren oder mit einem speziellen Überblendprojektor (Rollei-twin).

Die Projektion von minilux-Dias

Diafotografie stellt hohe Ansprüche an die Kamera und ihr Objektiv. Die Projektion metergroß strahlender Bilder deckt jede optische Unzulänglichkeit, Randunschärfe, Helligkeitsabfall in den Randzonen, die geringsten Verzeichnungen und natürlich die Allgemein-Unschärfe eines Objektivs rücksichtslos auf. Wer projiziert, stellt höchste Ansprüche und will sich und seinen Zuschauern einen wirklich eindrucksvollen optischen Genuß bereiten. Im Zeitalter der flimmernden Bildschirme hat die qualifizierte Diaprojektion, hat das ruhige und detailreiche stehende Projektionsbild wieder sehr an Bedeutung gewonnen.

Aber es müssen auch einige Grundregeln beachtet werden, wenn der Projektionsabend attraktiv und technisch vollendet ablaufen soll.

1. Das „Vortragsprogramm" erfordert eine kritische Auswahl einwandfreier Dias. Keine Wiederholungen oder ähnliche Varianten ins Magazin stecken. Nicht alles zeigen, was man hat!

2. Möglichst ein in sich geschlossenes Thema wählen in strengster selbstkritischer Auswahl der Dias – die Anzahl von 50 und 70 Bildern genügt vollauf.

3. Einen leistungsfähigen Projektor verwenden, der den hochwertigen Aufnahmen entspricht.

4. Nicht unbedingt eine vollautomatisch programmierte Vorführung arrangieren, sondern eher die gute alte „hausbackene", also handgesteuerte Vorführung, bei der man die Bildstände in ihrem Rhythmus auf der Leinwand voll und ganz in der Hand hat und sich stets nach der Reaktion des Publikums, den Fragen und Diskussionen anpassen kann.

5. Kurzer – am besten „augenzwinkender"–Diawechsel, wie ihn die LEICA-Projektoren der 2500er Klasse bieten. Auch bei den Projektionsobjektiven sollte nicht gespart werden. Die guten AV-Projektionsobjektive entsprechen zum Beispiel in jeder Weise den *minilux / minilux zoom*-Objektiven.

6. Schließlich wird der ehrgeizige Besitzer einer wertvollen Kamera irgendwann einmal die Überblendprojektion anstreben. Neben der etwas aufwendigen Installierung von zwei Projektoren hat er die Möglichkeit, auf den zur Zeit einzigen Überblendprojektor, den *Rollei-twin*, zurückzugreifen. Er überblendet mit einem Gerät und einem Magazin.

Für den Wohnraum genügt die 1 m – 1,20 m breite Projektionsfläche – möglichst rein-weiß und nicht etwa silber oder „perl" usw. Das Licht eines 150 Watt-Projektors genügt immer und benötigt keine super-reflektierenden Projektionswände, die bei seitlicher Betrachtung sehr abfallen. Infrarot-Fernbedienung und ein Lichtzeiger – eingebaut in das

Bedienungselement oder in Form einer Taschenlampe – sind immer hilfreich.

Noch ein Tip zur musikalischen Untermalung: Häufig erlebt man bei Diavorführungen eine mehr oder weniger passende und geräuschvolle Kassettenmusik. Wenn diese aber nicht dramaturgisch exakt auf die Diafolge ausgelegt ist und nicht mit großem Aufwand ausgesteuert wurde, sollte man lieber auf jede Musik verzichten – selten erreicht man in Heimproduktion jene Vollkommenheit der Film- und Fernsehproduktionen. Da jeder Krimi im Fernsehen mit passend geschnittener Musik untermalt wird, lehnt der Autor dieses Buches eine Amateurkonkurrenz zu seinen Dias grundsätzlich ab – die Freunde und Bekannten haben es ihm immer gedankt. Auch auf Kommentare vom Band sollte man bei einer persönlichen Vorführung verzichten. Eine konzentrierte, nicht zu ausgedehnte Vorführung mit der Möglichkeit des Gesprächs während und nach der Show war stets die beste Lösung. Weniger ist mehr!

Ein ernstes Wort zum Thema „Recht“

Die tödliche Treibjagd der Sensationsreporter auf Prinzessin Diana hat 1997 letztendlich doch eine ausufernde sogenannte „Pressefreiheit“ wieder in ihre moralischen Schranken gewiesen. *minilux*-Kameras sind nun bei aller Perfektion doch keineswegs professionelle Werkzeuge. Gott sei Dank! Wenn wir in diesem Buch trotzdem die Technik des unbemerkten Schnappschießens behandeln, so erfolgt das unter dem Aspekt der Interessen des Hobbyfotografen, der lebendige Szenen unbemerkt mit seiner Kamera festhalten möchte, um sie im häuslichen Kreise seinen Freunden und Bekannten zu zeigen, sie zu studieren und sich an gelungenen Aufnahmen zu erfreuen. Das geschieht niemals mit der Absicht, die Fotos kommerziell zu verwenden, geschweige denn sie „auszuschlachten“. All dies ist Teil unseres faszinierenden Fotosports, den wir als leidenschaftliche Amateure betreiben – wie andere das Schachspiel. Im Idealfall messen wir uns mit anderen im Fotoclub auf internen Ausstellungen usw.

Wir zeigen dann unsere Fotos vom Geschehen rund um unser Alltagsleben, von unseren Ferien und den besonderen Anlässen, Feiern und Festen, aber auch Schnappschüsse als Ergebnis gezielter Fotopirsch, die durchaus schon professionellen Charakter haben können. Wie schnell ist dabei das eine oder andere Bild von der Lokalzeitung für ein paar Mark gekauft und veröffentlicht – selbst wenn Freunde oder auch fremde Menschen abgebildet sind. Schon befinden wir uns damit in einer diffizilen Rechtslage, die leicht Schwierigkeiten bereiten kann. Kaum jemand hat bisher Anstoß daran genommen. Im Gegenteil: Man hat sich gefreut, wenn der Geburtstag oder das Jubiläum in der Zeitung war. Der Presserummel rund um den tragischen Tod der Prinzessin jedoch hat jetzt die Dimensionen in Frage gestellt.

Ganz nüchtern betrachtet gilt – zumindest in Deutschland – die Regel: Wer eine Persönlichkeit der „Öffentlichkeit“ ist, kann sich gegen eine Veröffentlichung seiner Fotos „im öffentlichen Interesse“ nicht wehren. Politiker, prominente Wirtschaftler, Künstler und Wissenschaftler müssen sich die Veröffentlichung ihrer Bilder gefallen lassen, wenn die Intimsphäre nicht berührt wurde, und wenn das Bild nicht gegen die „guten Sitten“ verstößt. Jede(r) Privatfrau(mann) kann jedoch gegen eine Veröffentlichung klagen und mit Erfolg einen mehr oder weniger hohen Schadensersatz verlangen, vorausgesetzt, es liegt kein schriftliches Einverständnis vor. Erst ab zehn Personen etwa auf einem Foto von Versammlungen usw. ist der Fotograf bei Veröffentlichung von der Pflicht, ein Einverständnis einzuholen, befreit. Dann entfällt das persönliche Recht am Bild und damit auch die Genehmigungspflicht des Fotografen und die Genehmigung seitens der oder des Abgebildeten. Richtlinien für die Honorarhöhe sind im allgemeinen die Bedeutung und die Auflagenhöhe der betreffenden Publikation.

Das klingt alles sehr kompliziert. Aber in wirklich prekären Fällen ist ein kleiner Zettel mit Unterschrift und ein Bildgeschenk an die Abgebildeten oft hilfreich.

Einge-stellter Wert (in m)	Schärfentiefe (in m) bei Blende					
	2,4	**4**	**5,6**	**8**	**11**	**16**
0,7	0,68 –0,72	0,67 –0,74	0,65 –0,75	0,64 –0,78	0,61 –0,82	0,58 0,88
• **(0,85)**	0,82 –0,88	0,80 –0,91	0,78 –0,93	0,75 –0,97	0,72 –1,03	0,68 –1,14
1	0,95 –1,05	0,93 –1,08	0,90 –1,12	0,87 –1,18	0,82 –1,27	0,77 –1,44
• **(1,4)**	1,31 –1,50	1,26 –1,57	1,21 –1,66	1,15 –1,80	1,07 –2,03	0,98 –2,51
2	1,82 –2,22	1,72 –2,38	1,63 –2,59	1,51 –2,95	1,38 –3,69	1,22 –5,70
• **(2,5)**	2,21 –2,86	2,08 –3,14	1,94 –3,51	1,78 –4,22	1,59 –5,93	1,39 –13,97
3,5	2,96 –4,27	2,72 –4,92	2,49 –5,92	2,22 –8,32	1,93 –19,53	1,63 – ∞
• **(5)**	3,96 –6,77	3,53 –8,58	3,15 –12,21	2,74 –30,46	2,31 – ∞	1,89 – ∞
7	5,12 –11,08	4,42 –17,00	3,83 –41,66	3,23 – ∞	2,65 – ∞	2,11 – ∞
• **(13,5)**	7,88 –47,47	6,32 – ∞	5,18 – ∞	4,14 – ∞	3,22 – ∞	2,45 – ∞
∞	18,78 – ∞	11,78 – ∞	8,35 – ∞	5,91 – ∞	4,20 – ∞	2,98 – ∞

Zur Information:
Für Nochnicht-Besitzer der *minilux* (40 mm) wurde hier nochmals die Schärfentiefentabelle aus der Gebrauchsanleitung zu *dieser* Kamera vollständig abgedruckt.

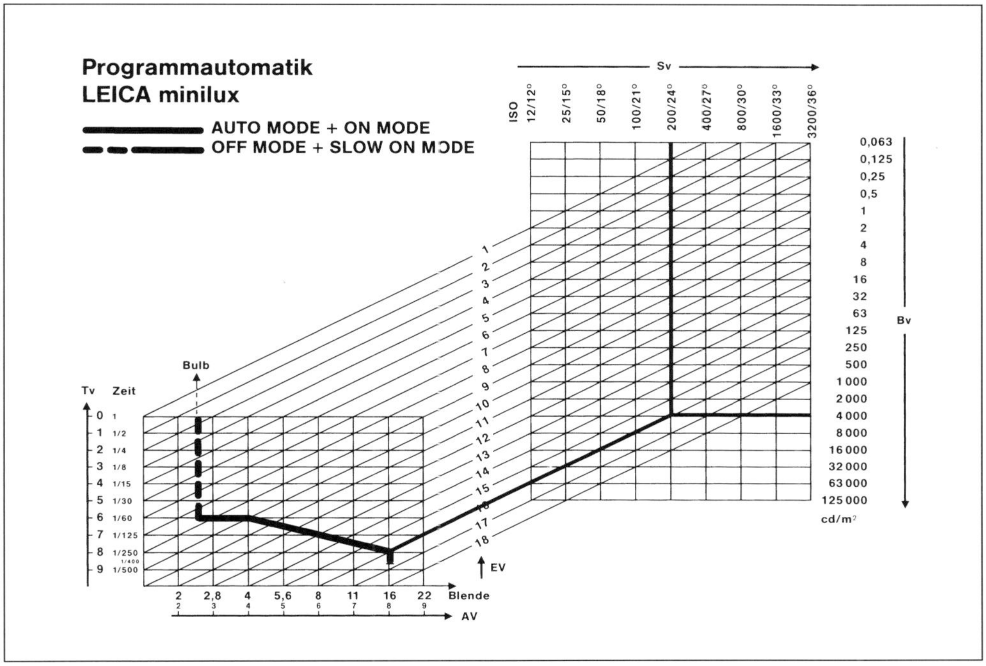

Arbeitsdiagramm der Leica miniluc Programm-Automatik

Die Angaben zum Belichtungsmesser befinden sich auf der rechten Seite des Diagramms. Die Angaben zum Arbeitsbereich der Programm-Automatik können auf der linken Seite abgelesen werden. Dazuwischen sind die Belichtungswerte (EV = Exposure value) angeordnet.

Rechts im Diasgramm werden die Leuchtdioden (Bv = Brightness value) in Candela pro Quadratmeter (cd/m²) angegeben. Darüber wird die Filmempfindlichkeit (Sv = Speed value) in ISO-Werten angeführt.

Links im Diagramm erkennt man die Belichtungszeit-Angaben in Sekunden (Tv = Time value). Links unten werden die Blendenzahlen (Av = Aperture value) abgelesen. Die Arbeitsweise der Programm-Autormatik wird durch die stärkere Kurve dargestellt:

Im Langzeitbereich (Leuchtdioden unter 8 5 cg/m²) werden mit zunehmender Helligkeit nur die Belichtungszeiten kürzer, während die Objektiv-Blende – wie bei „B" – voll geöffnet bleibt. Bei Normalbetrieb (AUTO) wird in diesem Helligkeitsbereich autormatisch auf Blitzbetrieb umgeschaltet; die Belichtungszeit beträgt dann konstant 1/60 sec.

Bei Leuchtdioden unter 8,5 cd/m² und abgeschaltetem Blitz wird der Verschluß auf Langzeitbelichtung umgeschaltet (gestrichelte Linie). Bei „B"-Einstellung (gepunktete Linie) bleibt der Verschluß so lange geöffnet, wie der Auslöser niedergedrückt wird.

Ab Ev 8,5 wird mit weiter zunehmender Helligkeit bei 1/60 sec. Belichtungszeit nur das Objektiv abgeblendet: bis Blende 4. Danach verändern sich Blende und Belichtungszeit gleichzeitig. Wie die Kurve zeigt, wird dabei die Blendeneinstellung stärker beeinfluß als die Belichtungszeit. Ab Blende 16 verkürzt sich dann nur noch die Belichtungszeit.

Die Kombination von Belichtungszeit und Blende, die sich aus vorgegebener Filmempfindlichkeit und Helligkeit bildet, läßt sich im Diagramm mit Hilfe des Schnittpunktes ermitteln, der sich aus den sich kreuzenden Linien von Belichtungswert /Ev) und Programmautomatik-Kurve ergibt. In diesem Beispiel werden beim Fotografieren mit einem Film von ISO 200/24° bei 4000 cd/m² (strahlender heller Sonnenschein) die Belichtungszeit von 1/125 sec. und die Blende 16 gebildet .

Quelle: Leica Anleitung Leica *minilux*

Firmenanschriften

LEICA
Leica Camera AG
Oskar-Barnack-Straße 11
D-35606 Solms
Tel.: 06442 / 208-404
Fax: 06442 / 298-410

HAMA GmbH
Fotozubehör
Dresdener Straße 9
D-86653 Monheim / Schwaben
Tel.: 09091 / 5020

ILFORD PHOTO GmbH
Heinrich-Hertz-Straße 1
D-63265 Dreieich
Tel.: 06103 / 83 80

CULLMANN GmbH
Kapell-Leite 2
D-90579 Langenzenn
Tel.: 09101 / 700-0
Fax: 09101 / 700-45

FUJI PHOTO FILM (EUROPE) GmbH
Heesenstraße 31
D-40549 Düsseldorf
Tel.: 0211 / 50 89-0
Fax: 0211 / 50 89-344

POLAROID GmbH
Sprendlinger Landstraße 109
D-63069 Offenbach
Tel.: 069 / 84 04-502/503
Fax: 069 / 84 04-530

TETENAL Vertriebsgesellschaft mbH
Postfach 2029
D-22810 Norderstedt
Tel.: 040 / 521 45-0
Fax: 040 / 521 45-296

KODAK Aktiengesellschaft
Hedelfinger Straße 56
D-70327 Stuttgart
Tel.: 0711 / 406-0
Fax: 0711 / 406-5397

HELIOPAN Lichtfilter-Technik
Summer GmbH & Co. KG
Drosselgasse 4
D-82166 Gräfelfing / München
Tel.: 089 / 89 80 29-0
Fax: 089 / 89 80 29-33

Stichwortregister

Kursiv: Seitenzahlen weisen auf Abbildungen

Die Deutsche Bibliothek –
CIP-Einheitsaufnahme

Giebelhausen, Joachim:
Leica minilux, Leica minilux zoom:
Technik, Tips und Tricks
Joachim Giebelhausen.
Heidelberg:
Umschau/Braus, 1998
ISBN 3-8295-7202-6

Fotografie:
Joachim Giebelhausen

Umschlaggestaltung:
Blank + Reschke, Berlin

Gestaltung:
Karin Kern, Utting

Satz:
Karin Kern, Utting

Lithographie:
MultiByte, München

Druck:
Druckhaus Darmstadt GmbH, Darmstadt

Bindung:
Großbuchbinderei Fikentscher, Darmstadt

ISBN 3-8295-7202-6